연구원개발 안테나 측정방법 국제표준화 추진 연구

국립전파연구원

요   약   문

본 보고서는 연구원에서 개발한 안테나 교정법(C-RTM)에 대한 기본이론과 안테나 측정이론에 대해 소개하고, 그 간의 유효성 검증연구를 통한 표준화 대응 결과에 대해 소개하고자 한다. 국립전파연구원은 2016년 중국 항저우에서 개최된 CISPR 총회에서 발표한 2개의 동등(homogeneous) 안테나를 사용하여 1 ㎓ 이상의 주파수 대역에서 사용할 수 있는 간소화 된 안테나 교정법(C-RTM)에 대한 표준화 추진을 시작으로, 2017년 블라디보스토크 총회에서는 자유 공간을 만족하는 시험장 평가 및 해당 시험장에서 C-RTM 교정방법을 사용하여 40 ㎓ 대역까지 표준 혼 안테나 교정방법에 대해 소개하였다. 2018년 부산 총회에서는 C-RTM 교정방법이 여러 시험소에서 사용 가능함을 규명하기 위해 지정시험기관과의 상호비교 시험(Round Robin Test, 라운드 로빈 시험) 검증 결과 및 측정 불확도 산출 결과를 발표하였다. 2019년 상하이 총회에서는 CISPR 16-1-6 '안테나 교정 방법' 개정안(초안)이 발표되었고, 회의 결과 향후 개정을 위한 관련 내용에 대한 DC 문서 제출을 요청받고 각국의 NC(National Committee)에 회람을 돌렸다. 이후 각국의 의견에 대한 구체적인 대책을 마련해 답변을 제출했으며, 관련 결과를 2022년 샌프란시스코 총회에서 논의하였다. 회의 결과, 국립전파연구원에서 개발한 C-RTM 안테나 교정방법이 다음 출판 본에 반영될 수 있도록 2023년 5월까지 개정안 초안을 작성하여 제출할 것을 권고받았다. 따라서, 향후 발행될 1st CD 문서에 대한 각국의 의견에 대응하기 위한 전략을 수립하여 해당 문건이 표준문서에 반영될 수 있도록 준비할 계획이다.

목 차

제1장 서론 ·· 1

제2장 안테나 측정이론 및 교정이론 ··· 5
제1절 서론 ···5
제2절 안테나 측정 기본이론 ···5
제3절 안테나 교정이론 ···9

제3장 CISPR A/WG1 대응 및 결과 ··· 19
제1절 2016년도 중국 항저우 총회 ··19
제2절 2017년도 러시아 블라디보스토크 총회 ···24
제3절 2018년도 한국 부산 총회 ··30
제4절 2019년도 중국 상하이 총회 ···37
제5절 2022년도 미국 샌프란시스코 총회 ··41

제4장 맺음말 ··· 45

참고문헌 ·· 46

표 목 차

[표 3.3.1] 주변 잡음이 불확도에 미치는 영향 기여도 평가 ·························· 34
[표 3.3.2] C-RTM 교정방법에 대한 측정 불확도 산출 결과 ························ 36

그 림 목 차

[그림 2.2.1] 면적 A를 통과하는 전자기파의 전력 ······································· 6
[그림 2.2.2] 등방성 안테나의 단위 체적당 방사 전력 ································· 6
[그림 2.2.3] 실제 안테나의 단위체적당 방사 전력 ······································ 7
[그림 2.3.1] 3-안테나법(TAM)에대한 안테나 측정 구성 ··························· 10
[그림 2.3.2] 절대이득법 측정구성 ·· 11
[그림 2.3.3] 안테나 이득비교법을 이용한 측정구성 ··································· 13
[그림 2.3.4] 간단한 송신(표준) 안테나 사용법(C-RTM) ···························· 14

[그림 3.1.1] 직사각형 도파관 및 혼 안테나 구조 ······································ 20
[그림 3.1.2] 동등성 검증을 위한 측정 구성 ·· 21
[그림 3.1.3] 1.12 GHz ~ 1.8 GHz 대역 상호비교 측정결과 ······················· 21
[그림 3.1.4] 1.8 GHz ~ 2.6 GHz 대역 상호비교 측정결과 ························· 22
[그림 3.1.5] 2.6 GHz ~ 3.95 GHz 대역 상호비교 측정결과 ······················· 22
[그림 3.1.6] 3.95 GHz ~ 5.85 GHz 대역 상호비교 측정결과 ····················· 22
[그림 3.1.7] 5.85 GHz ~ 8.2 GHz 대역 상호비교 측정결과 ······················· 23

[그림 3.1.8] 8.2 ㎓ ~ 12.4 ㎓ 대역 상호비교 측정결과 ························· 23
[그림 3.1.9] 12.4 ㎓ ~ 18 ㎓ 대역 상호비교 측정결과························ 23

[그림 3.2.1] 자유공간 시험장 평가 측정 구성 ································· 26
[그림 3.2.2] 자유공간 시험장 환경 평가 결과 ································· 26
[그림 3.2.3] C-RTM 교정방법에 대한 측정 구성 ······························ 27
[그림 3.2.4] 1.12 ㎓ ~ 1.8 ㎓ 대역 편차 ·· 27
[그림 3.2.5] 1.8 ㎓ ~ 2.6 ㎓ 대역 편차 ·· 27
[그림 3.2.6] 2.6 ㎓ ~ 3.95 ㎓ 대역 편차 ·· 28
[그림 3.2.7] 3.95 ㎓ ~ 5.8 ㎓ 대역 편차 ·· 28
[그림 3.2.8] 5.8 ㎓ ~ 8.2 ㎓ 대역 편차 ·· 28
[그림 3.2.9] 8.2 ㎓ ~ 12.4 ㎓ 대역 편차 ·· 28
[그림 3.2.10] 12.4 ㎓ ~ 18 ㎓ 대역 편차 ·· 28
[그림 3.2.11] 18 ㎓ ~ 26.5 ㎓ 대역 편차 ·· 28
[그림 3.2.12] 26.5 ㎓ ~ 40 ㎓ 대역 편차 ·· 29

[그림 3.3.1] 측정에 영향을 미치는 신호발생기(또는 VNA) 측정 설정·············· 30
[그림 3.3.2] C-RTM의 부정합 대한 측정불확도 분석을 위한 측정 구성 ·········· 31
[그림 3.2.3] 지면 온도에 따른 케이블 감쇠 변화에 대한 불확도 측정 설정········ 32
[그림 3.3.4] 측정에 영향을 미치는 신호발생기(또는 VNA) 측정 설정·············· 34

[그림 3.4.1] 제출 DC문서에 대한 각국 NC의 회람 결과······························ 37

제1장 서론

National Radio Research Agency

제1장 서 론

 전자파 적합성(EMC) 인증을 위한 중요한 장비는 전자파 장해(EMI)를 측정하는 안테나이다. 이러한 안테나가 손상되면 안테나 고유의 특성인 안테나 인자(Antenna Factor, AF)도 변경되기 때문에 정확한 EMC 인증을 위한 시험 결과를 제공하는 것은 불가능해진다. 따라서, 이러한 이유로 EMI 안테나 고유의 특성을 측정하기 위한 안테나 교정(Calibration) 방법의 중요성이 높아지고 있다.

 EMI 안테나 교정에서 가장 중요한 파라미터는 측정된 전압과 전계 강도의 변환 계수를 의미하는 안테나 인자이다. CISPR 16-1-6 '안테나 교정 방법'에 명시된 1 ㎓ 이상의 안테나 교정 방법에는 3-안테나 방법(Three Antenna Method, TAM)과 표준 안테나 방법(Standard Antenna Method, SAM)이 있다[1]. TAM은 Friis 방정식을 기반으로, 측정하고자 하는 안테나에 대한 AF의 사전지식 없이 3개의 안테나를 사용하여 피측정 안테나(AUC)의 AF를 산출할 수 있다. SAM은 주변 반사파를 고려하지 않으며, 이 조건에서 AUC의 AF는 AUC의 공간 감쇠량(Site Insertion Loss, SIL)과 표준 안테나(STA)의 SIL의 차이를 통해 계산된다. 이러한 방법은 AF를 계산하기 위해 3개의 안테나를 사용하여 2~3회 SIL 측정을 수행해야 한다. 이러한 측정 구성은 안테나를 교정하는 데 긴 측정시간을 요구한다. TAM 및 SAM과 달리 국립전파연구원에서 개발한 C-RTM(Compact-Reference Transmitting antenna Method)은 하나의 안테나에 대한 AF를 알고 있을 때 한 번의 SIL 측정으로 AUC의 AF를 계산하기 때문에 측정시간을 단축할 수 있다. 국립전파연구원은 수년 동안 C-RTM에 대해 많은 연구를 수행해 왔으며, 2011년 IEEE 안테나 심포지움에 30 ㎒에서 1 ㎓까지의 EMI 안테나 교정을 위한 'Simple Reference Antenna Method'[2-4]를 발표한 이후 지속적으로 CISPR/A/WG1에 제안해 오고 있다. 2016년 항저우 회의에서는 2개의 동등(homogeneous) 안테나를 사용한 1 ㎓ 이상에서 간소화된 C-RTM 방법을 제시하였다[5]. 2017년 블라디보스토크 회의에서는 자유 공간 조건을 만족하는 시험장에서 C-RTM을 사용한 표준 혼 안테나 교정 검증결과를 발표하였다[6]. 2018년 CISPR 부산 회의에서는 C-RTM을 적용한 RRT(Round Robin Test) 측정과 Uncertainty Budget을 제시[7] 하였으며, 2019년

상하이 회의에서는 C-RTM에 대한 불확도 산출결과와 CISPR 16-1-6의 개정(안)이 발표[8]되었으며, 발표 및 토론 후, CISPR/A/WG1은 국립전파연구원에서 제안한 CISPR 16-1-6 개정안 반영을 위해 2020년 5월 31일까지 DC 문서를 준비하고 각국 위원회(National Commitee, NC)에 회람하는 것이 승인되었다. 이후 2022년 시카고 회의에는 CISPR16-1-6 '안테나 교정방법' 개정을 위해 DC 문서 답변(안)이 통과되어 C-RTM이 차기 출판본에 반영될 수 있도록 2023년 5월까지 개정안을 제시할 것을 권고받았다.

본 보고서에는 안테나 측정이론 및 교정 방법을 소개하고, 연구원에서 개발한 안테나 교정법(C-RTM)이 CISPR 16-1-6 '안테나 교정방법' 표준문서에 반영을 위해 그 간의 CISPR A/WG1 대응 결과를 기술하고자 한다.

제2장
안테나 측정이론 및 교정이론

National Radio Research Agency

제2장 안테나 측정이론 및 교정방법

제1절 서론

일반적으로 안테나 교정시험소에서는 세계적으로 사용되고 있는 3-안테나법으로 안테나 이득(인자)을 산출하고 있다. 이 3-안테나법은 3개의 안테나를 사용하여 안테나 간 삽입손실(SIL: Site Insertion Loss)을 3번 측정하여 안테나 이득을 산출할 수 있으며, 사전에 교정된 안테나 특성을 몰라도 되는 특징이 있다. 반면 일반적으로 시험소에서 주로 사용되고 있는 방법은 이득 비교법이다. 이는 사전에 교정된 안테나 이득값을 알고 있는 기준 안테나(Standard antenna)와 피측정 안테나(AUC)의 특성을 단순 상호비교함으로써 피측정 안테나의 이득을 손쉽게 구할 수 있는 장점이 있다. 다음으로는, 만약 모양과 특성이 똑같은 두 안테나가 있다고 가정하면 안테나 사이의 감쇠량을 단 한 번만 측정하여 동등한 표준안테나의 안테나 이득을 정의할 수 있는 안테나 절대이득 측정법인 2-안테나 법(Two-antenna method)이 있다. 실제로는 모양과 특성이 모두 똑같은 안테나는 존재할 가능성은 없기 때문에 약간의 오차범위(본 보고서에서는 0.2 dB이내)의 불확도를 포함시키면 표준안테나로 정의내릴 수 있다. 마지막으로, 연구원에서 개발한 C-RTM(Compact Reference Transmitter Method) 안테나 교정법이 있다. 이 방법은 안테나 인자를 알고 있는 표준안테나를 송신측에 위치시키고 피측정 안테나(AUC)를 수신측에 위치시키는 측정 구성으로 단 한 번의 측정을 통해 안테나 이득 측정이 가능하다. 다음 절에서는 안테나 이득 측정 기본이론과 각각의 안테나 교정이론을 구체적으로 기술하였다.

제2절 안테나 측정 기본이론

1. 포인팅 벡터

[그림 2.2.1]에서 보여주는 바와 같이 전자기파는 포인팅(Poynting) 벡터로서 식 (2.2.1)과 같은 전기장 E 또는 자기장 H에 의하여 단위 면적당 전력(W/m^2)의 에너지를 전달한다.

$$|\vec{P}| = |\vec{E} \times \vec{H}| = \eta_0 H^2 = \frac{E^2}{\eta_0} = \frac{E^2}{120\pi^2} \tag{2.2.1}$$

여기서, η_0는 자유공간 임피던스로 그 값은 377Ω을 갖는다.

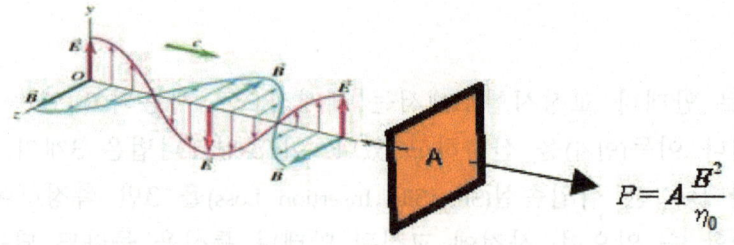

[그림 2.2.1] 면적 A를 통과하는 전자기파의 전력

2. 안테나 이득

가. 등방성 안테나의 방사 전력

등방성(isotropic) 안테나는 [그림 2.2.2]와 같이 전 방향으로 동일 크기의 전력을 방사한다. 안테나에 인가된 입력 전력을 P_{IN}이라 하면 특정 방향으로 단위 체적($\Delta\Omega$) 당 방사하는 전력 ΔP_r은 360° 구면 어느 방향에서나 단위 체적당 $P_{IN}/4\pi$의 전력을 방사한다. 즉, 모든 방향에서 식 (2.2.2)와 같다.

$$\frac{\Delta P_r}{\Delta\Omega} = \frac{P_{IN}}{4\pi} \qquad (2.2.2)$$

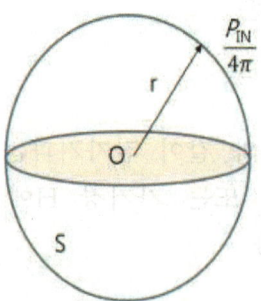

[그림 2.2.2] 등방성 안테나의 단위 체적당 방사 전력

나. 실제 안테나의 방사 전력

실제 안테나는 이상적인 등방성(isotropic) 안테나와 달리 모든 방향으로 동일한 크기의 전력을 방사하지 않으며, [그림 2.2.3]과 같이 방향의 함수로서 특정한 방향 (θ, ϕ)에서 단위 체적 $\Delta\Omega$당 $\Delta P_r(\theta, \phi)$의 전력을 방사한다. 단위 체적당 방사 전력은 다음 식 (2.2.3)과 같다.

$$\frac{\Delta P_r(\theta, \phi)}{\Delta \Omega} \tag{2.2.3}$$

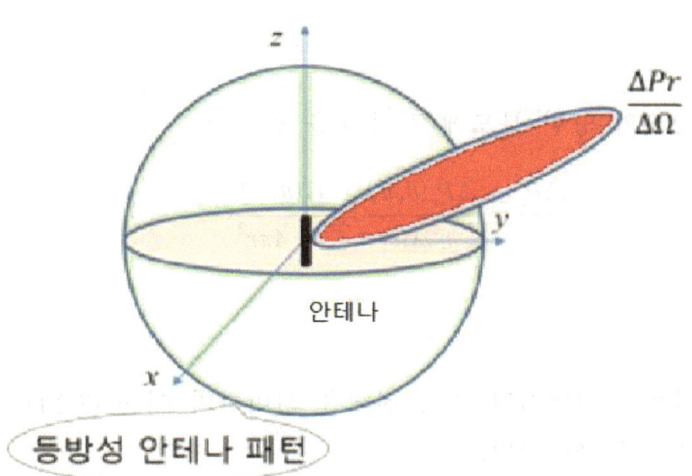

[그림 2.2.3] 실제 안테나의 단위 체적당 방사 전력

다. 안테나 이득의 정의

안테나 이득 $G(\theta, \phi)$은 등방성 안테나의 단위 체적당 방사 전력과 실제 안테나의 최대방사 전력 방향에서 단위 체적당 방사 전력의 비로 정의된다. 관계식 (2.2.2)와 (2.2.3)에서 $G(\theta, \phi)$는 식 (2.2.4)와 같이 표현할 수 있다.

$$G(\theta, \phi) = \frac{\Delta P_r(\theta, \phi)/\Delta \Omega}{P_{IN}/4\pi} \tag{2.2.4}$$

3. 안테나 이득과 전기장 관계

안테나 이득의 정의식 (2.2.4)에서 좌변과 우변을 식 (2.2.5)와 같이 다시 정리할 수 있다.

$$\frac{\Delta P_r(\theta,\phi)}{\Delta \Omega} = \frac{G(\theta,\phi)P_{IN}}{4\pi} \qquad (2.2.5)$$

송신 안테나를 원점으로 먼 거리 r에 위치한 단위체적 $\Delta\Omega$를 바라보는 면적 ΔS는 다음 식 (2.2.6)과 같이 주어진다.

$$\Delta S = r^2 \Delta \Omega \qquad (2.2.6)$$

관계식 (2.2.5)의 양변 분모에 각각 r^2을 곱하면

$$\frac{\Delta P_r}{\Delta S} = \frac{\Delta P_r(\theta,\phi)}{r^2 \Delta \Omega} = \frac{G(\theta,\phi)P_{IN}}{4\pi r^2} \qquad (2.2.7)$$

이 된다.

(2.2.7)의 좌변은 단위면적당 방사 전력을 의미하며 이는 (2.2.1)의 전자기파의 포인팅 벡터의 크기와 같다.

$$\frac{\Delta P_r}{\Delta S} = |\vec{E} \times \vec{H}| = \frac{E^2}{\eta_0} = \frac{E^2}{120\pi} \qquad (2.2.8)$$

그러므로 관계식 (2.2.7)과 (2.2.8)의 마지막 우변의 항을 비교하면 안테나에서 방사하는 전력 및 이득, 거리 r에서의 전기장 E와의 관계는 식 (2.2.9)와 같이 정리할 수 있다.

$$\frac{E^2}{120\pi} = \frac{G(\theta,\phi)P_{IN}}{4\pi r^2}$$

$$E = \frac{\sqrt{30 G(\theta,\phi)P_{IN}}}{r} \qquad (2.2.9)$$

송신출력이 P_T이고 안테나 이득이 G_T인 송신 안테나(T_X)로부터 거리(r_m)인 지점에 방사되는 전기장의 세기 E_R은 다음식(2.2.10)으로 정의된다.

$$E_R = \frac{\sqrt{30 G_T P_T}}{r_m} \qquad (2.2.10)$$

제3절 안테나 교정이론

1. 3-안테나법(TAM: Three Antenna Method)

3-안테나법은 3개의 안테나 중 안테나 이득에 대한 사전지식이 필요하지 않은 안테나 측정방법이다. 3-안테나법은 일반적으로 사용되는 3개 안테나(1, 2 및 3으로 번호가 매겨짐)의 동작 주파수 범위를 포괄하는 유사한 종류의 안테나가 필요하다. 특히, 최대방사 조준 방향의 안테나 이득을 결정하기 위해 쌍을 이루는 안테나는 [그림 2.3.1]과 같이 조준 방향이 서로를 정확하게 가리킬 수 있도록 높이를 동일하게 하여 정렬해야 한다. 여기서, 3개의 안테나로부터 3가지 조합의 안테나 쌍을 형성할 수 있으며 식 (2.3.1)과 같이 각 쌍의 조합으로 3번의 SIL(P_R/P_T, dB 단위)을 측정하여 안테나 이득을 결정할 수 있다. 단, 여기서 안테나 간 이격거리 d는 모든 안테나 쌍에 대해 일정해야 하며, 각 측정조합에 따른 안테나 이격 거리 오차는 측정불확도에 반영된다.

$$G_a[dB] + G_b[dB] = \frac{1}{2}[10\log_{10}(\frac{P_{rb}}{P_{ta}}) + 20\log_{10}(\frac{4\pi d}{\lambda})]$$

$$G_a[dB] + G_c[dB] = \frac{1}{2}[10\log_{10}(\frac{P_{rc}}{P_{ta}}) + 20\log_{10}(\frac{4\pi d}{\lambda})]$$

$$G_b[dB] + G_c[dB] = \frac{1}{2}[10\log_{10}(\frac{P_{rc}}{P_{tb}}) + 20\log_{10}(\frac{4\pi d}{\lambda})] \qquad (2.3.1)$$

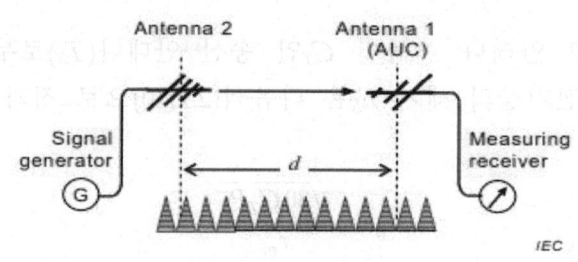

(a) 안테나 쌍(1, 2)

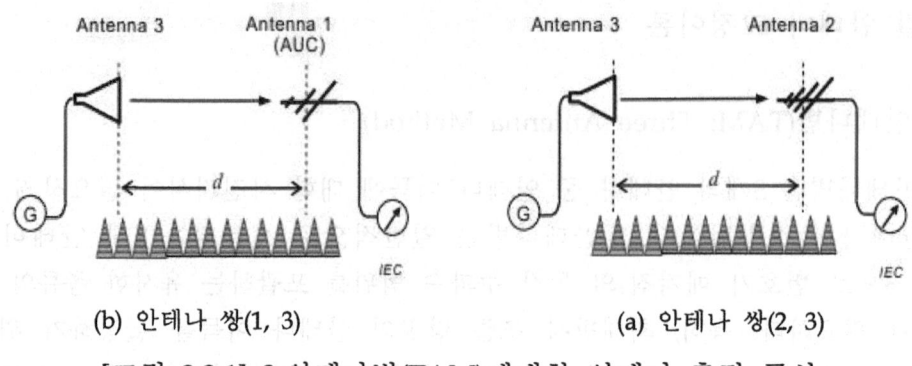

(b) 안테나 쌍(1, 3)   (a) 안테나 쌍(2, 3)

[그림 2.3.1] 3-안테나법(TAM)에 대한 안테나 측정 구성

2. 절대이득 교정법

가. 절대이득 교정법(2-안테나 법)

안테나 절대이득 측정법은 [그림 2.3.2]의 측정구성에서 송신단과 수신단의 안테나 ($G_T = G_R$)의 모양과 크기, 그 특성이 똑같다(homogeneous)는 가정으로부터 설명할 수 있다. 만약 물리적으로 똑같은 두 안테나가 있다고 가정하면 안테나 사이의 감쇠량을 단 한 번만 측정하여 동등한 표준 안테나의 이득 측정이 가능하다. 다만, 실제로는 모양과 크기, 그 특성이 모두 똑같은 안테나는 존재할 가능성이 작으므로 약간의 오차범위(본 보고서에서는 0.2 dB이내) 이내의 측정불확도를 포함함으로써 표준 안테나로 정의내릴 수 있다. 단, 이 측정방법에서는 아래와 같은 측정조건에 대한 주의사항을 따라야 한다.

1) 측정시스템의 정확한 주파수 안정도를 유지해야 한다.
2) 안테나 간 이격거리는 항상 원역장(far-field) 조건을 유지해야 한다.
3) 시스템의 임피던스와 편파는 정확하게 일치해야 한다.
4) 다중경로와 같은 간섭 효과는 최소화(거의 0)되어야 한다.

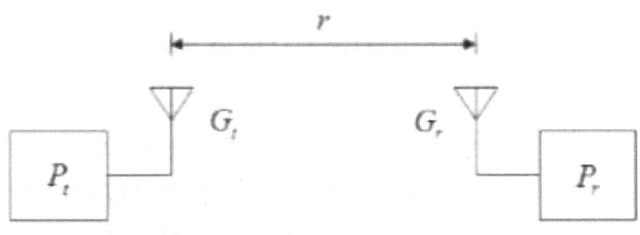

P_t : 송신전력
P_r : 수신전력
G_t : 송신이득 = G_r : 수신이득
r : 두 안테나 사이의 이격 거리

[그림 2.3.2] 절대이득법 측정구성

나. 표준 안테나에 대한 고찰

안테나 교정 및 측정 분야에서 가장 많이 언급되는 개념 중 하나가 표준 안테나이다. 국제적으로 합의된 표준의 정의는 「어떤 양을 재는 기준으로 쓰기 위하여 어떤 단위나 어떤 양의 한 값 이상을 정의하거나 현시, 보존 또는 재현하기 위한 물적 척도, 측정기기, 기준물질이나 측정시스템」으로 되어 있다. 이러한 정의에 따라 측정용 안테나의 경우, '어떤 양'에 해당하는 물리량으로서 전기장을 측정한다. 그런데 공간상의 전기장을 측정하기 위해 기준으로 쓰는 '정의된 어떤 단위나 어떤 양의 한 값'에 해당하는 것은 안테나의 변환 계수인 안테나 인자(Antenna factor) 또는 이득으로 설명될 수 있다. '이러한 안테나 인자(이득)를 정의하는 측정기기'가 바로 "표준 안테나"이다.

다. 동등(homogeneous) 안테나 개념을 사용한 표준 안테나 정의

30 ㎒ ~ 1 ㎓ 대역에서 사용되는 다이폴 형 표준 안테나는 발룬(Balun)의 특성에 의하여 안테나의 인자(이득)를 산출할 수 있다. 현재까지 표준 안테나라고 일컬어지는 것은 다이폴 형태이며 발룬에 특수한 장치를 고안하여 만들어졌으며 세계적으로 NIST형과 NPL형 안테나가 개발되어 사용되고 있다. 그러므로 현재까지 알려진 표준 안테나로 정의된 안테나는 30 ㎒ ~ 1 ㎓ 대역 다이폴 안테나뿐이다.

1 ㎓ 이상 대역 측정에서는 대부분 혼 안테나가 주로 사용된다. 하지만

혼 안테나는 발룬이라는 장치가 없다. 따라서, 앞서 설명한 절대이득법을 사용하면 모양과 크기, 그 특성이 동등한(불확도 포함) 안테나를 이용하여 표준안테나의 이득을 정의할 수 있다. 다이폴 안테나의 경우 표준안테나는 발룬의 RF-DC 관계를 측정하거나, 하이브리드의 S파라미터를 측정함으로써 안테나 이득을 산출할 수 있는 것처럼, 동등한 두 안테나는 단 한 번의 감쇠량 측정으로 안테나 이득을 측정할 수가 있다. 따라서 동등한 두 안테나는 일종의 표준 안테나의 역할을 하고 표준 안테나라 정의할 수 있는 것이다. 더구나, 1 ㎓ 이상 대역의 혼 안테나는 강한 지향성 때문에 야외시험장 위에서 어떤 특정한 높이(2m 이상)에서는 반사파를 거의 무시할 수 있어서 자유공간 조건을 만족한다고 할 수 있다. 만약, 안테나의 동등성이 인정(측정 불확도 포함)된다면 식 (2.3.2)에서 두 안테나 이득이 같게 됨으로써 동등 안테나의 안테나 이득 산출식은 식 (2.3.3)과 식(2.3.4)와 같이 간단하게 표현될 수 있다.

$$10\log_{10}G_t + 10\log_{10}G_r = 10\log_{10}(\frac{P_r}{P_t}) + 20\log_{10}(\frac{4\pi r}{\lambda}) \qquad (2.3.2)$$

$$20\log_{10}G = 10\log_{10}(\frac{P_r}{P_t}) + 20\log_{10}\left(\frac{4\pi r}{\lambda}\right) \qquad (2.3.3)$$

$$G[dB] = \frac{1}{2}[10\log_{10}(\frac{P_r}{P_t}) + 20\log_{10}\left(\frac{4\pi r}{\lambda}\right)] \qquad (2.3.4)$$

3. 안테나 이득 비교법(치환법: SAM)

다음은, 일반 안테나 측정 시험소에서 주로 사용되고 있는 안테나 이득 비교법(치환법)에 대해 기술하고자 한다. [그림 2.3.3]에서 보여주는 바와 같이, 이 방법은 사전에 정교하게 교정되어 안테나 이득값을 알고 있는 기준 안테나(STA: Standard antenna)가 필요하며, 기준안테나와 피측정 안테나(AUC)의 특성을 단순 상호비교함으로써 피측정 안테나의 이득을 쉽게 구할 수 있다. 단, 여기서 고려해야 할 사항은 STA와 AUC가 동일 유형의(유사한 기계적 수치와 그에 따른 유사한 안테나 방사패턴을 갖는다고 가정한) 안테나일수록 정확하다. SAM은 TAM보다 시험장 환경조건으로 인한 필드 비 균일성에 덜 민감하여 측정 시험장의 품질이 TAM에 필요한 것보다는 다소 완화될 수 있는 특징이 있다. 단일 안테나의 이득 산출을 위해 TAM은 안테나 간 공간손실(Site Insertion Loss, SIL)을 세 번 측정해야 하지만, 안테나 이득 비교법은 SIL을 두 번만 측정함으로써 절차를 간소화할 수 있는 장점이 있다.

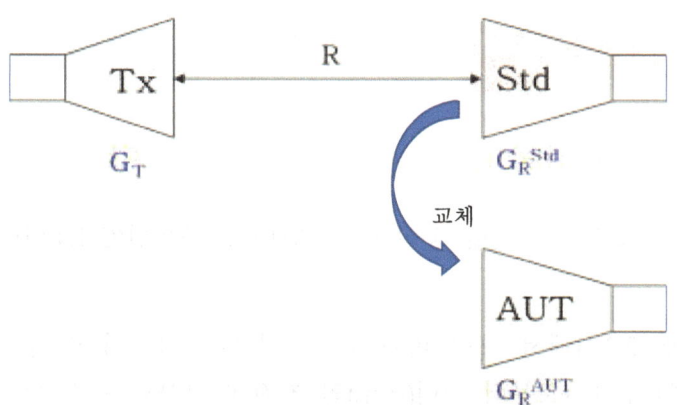

[그림 2.3.3] 안테나 이득비교법을 이용한 측정구성

안테나 이득비교법은 식(2.3.5)를 사용하여 쉽게 안테나 이득을 산출할 수 있다.

$$G_R[dBi] = G_{T\_STD} + (P_{R\_AUT} - P_{R\_STD}) \qquad (2.3.5)$$

4. C-RTM(Compact-Reference Transmitter Method)

국립전파연구원에서 개발한 간단한 송신 안테나를 표준(Ref) 안테나로 사용하는 방법(C-RTM)은 [그림 3.3.4]에서 보여주는 바와 같이 안테나 이득을 알고 있는 표준 안테나를 송신측에 위치시키고 피 측정 대상안테나(AUC)를 수신측에 위치시키는 측정구성으로 단 한 번의 SIL 측정을 통해 안테나 이득을 측정하는 기술이다. 원칙적으로 주파수에 구애받지 않으나, 사용하는 주파수 측정환경에서 반사파가 존재한다면 한 쪽 안테나를 특정 범위의 높이로 스캔하여 최대전계의 지점일 때의 값으로 안테나 특성을 산출할 수 있다. 보통 높이 스캔법은 30 ㎒ ~ 1 ㎓ 대역의 안테나를 야외시험장에서 측정할 때 유용하다. 1 ㎓이상 대역의 지향성이 강한 혼 안테나의 경우 반사파가 거의 존재하지 않기 때문에 자유공간 조건과 동일한 조건으로 두 안테나를 고정한 채로 안테나 이득을 산출한다. 만약 반사파가 무시된 양질의 전자파 무반사실(chamber)에서는 바로 C-RTM법을 적용할 수 있다.

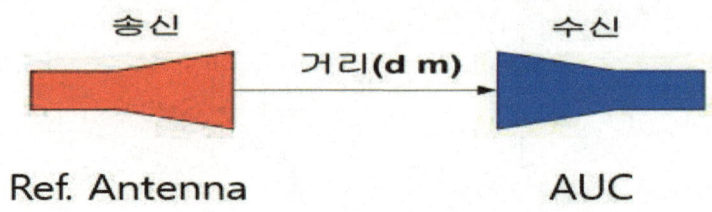

[그림 2.3.4] 간단한 송신(표준) 안테나 사용법(C-RTM)

C-RTM은 [그림 2.3.4]에서 보는 바와 같이, 안테나 이득이 G_T이고 송신출력이 P_T인 송신(표준) 안테나로부터 거리(d m)인 지점에 방사되는 전기장의 세기 E_R은 다음과 같이 형성된다는 것에 근거를 둔다.

$$E_R = \frac{\sqrt{30 G_T P_T}}{d_m} \qquad (2.3.6)$$

위 식(2.3.6)을 G_T에 대하여 정리하면

$$G_T = \frac{E_R^2 d_1^2}{30 P_T}$$

$$G_T(dB) = 20\log E_R + 20\log d_1 - 10\log P_T - 14.77 \qquad (2.3.7)$$

과 같이 나타낼 수 있다.

또한, 안테나 인자는 안테나 고유성능을 결정하기 위한 고유 파라미터로서 다음과 같이 정의 내릴 수 있다.

$$AF(dB/m) = 20\log\left(\frac{E}{V}\right)$$

$$AF(dB/m) = E(dBV/m) - V(dBV) \qquad (2.3.8)$$

식 (2.2.3)을 이용하여 C-RTM 방법에 의한 안테나 인자 산출 방정식을 얻을 수 있다. 이 과정에서 안테나 인자(AF)와 안테나 이득(G)과의 관계를 이용한다.

$$AF^2 = \frac{4\pi\eta}{G\lambda^2 Z_L} = \frac{480\pi^2}{G\lambda^2 Z_L}$$

$$AF(dB/m) = 20\log(AF) = 10\log\left(\frac{480\pi^2}{Z_L}\right) - 20\log(\lambda) - G(dB) \quad (2.3.9)$$

여기서, Z_L은 수신 안테나의 입력 임피던스이다.

50 Ω 시스템에서 ㎒ 단위 주파수에서 C-RTM을 사용하기 위해서는 식(2.3.10)을 사용하면 간편하게 안테나 이득 산출이 가능하다.

$$AF_T = -AF_R + 10\log(P_T) + 20\log(f_{MHz}) - 20\log(V_R) - 20\log(d_1) - 15.01 \quad (2.3.10)$$

여기서 P_T, V_R, d_1은 송신전력, 측정되는 수신전압, 안테나 사이의 거리(d m), f_{MHz}는 ㎒ 단위의 주파수이다. 경우에 따라서는(주로 네트워크 분석기를 사용할 때) 안테나 사이의 삽입손실 또는 감쇠량 $A_{RT} = 10\log(P_T/P_R)$을 측정하기 때문에, 실무적으로 식(2.3.11)과 같은 방정식을 주로 사용한다.

$$AF_T(dB/m) = -AF_R + A_{RT} + 20\log f_{MHz} - 20\log d_1 - 32 \quad (2.3.11)$$

위 식 (2.3.11)은 아래 식 (2.3.12)를 통해 안테나 이득으로 변환할 수 있다.

$$G(dBi) = 20\log f_{MHz} - AF - 29.78 \quad (2.3.12)$$

제3장
CISPR A/WG1 대응 및 결과

National Radio Research Agency

제3장 CISPR A/WG1 대응 및 결과

제 1절 2016년도 중국 항저우 총회

연구원에서 개발한 안테나 교정법(C-RTM)의 국제표준 등재 추진을 위해 2016년 중국 항저우에서 개최된 CISPR 총회부터 참가하여 그간의 연구 결과에 대한 기고서를 발표하고 CISPR 16-1-6 '안테나 교정방법'에 대한 개정(안)을 반영시키기 위한 적극적인 표준화 활동을 시작하였다. 2016년 총회에서는 동등한 안테나 개념을 사용한 1 ㎓ 이상 주파수범위에서 사용 가능한 표준 혼 안테나를 제시하였다. 그리고, 기존의 방법과 차별화된 C-RTM에 대한 교정 방법의 장점을 소개하고 표준문서 반영을 위한 프로젝트가 시작될 수 있도록 제안하였다. 관련 기고 및 제안 내용에 대한 구체적인 사항은 아래 소절에 기술하였다.

3.1.1. 새로운 개념의 표준 안테나

2장에서 설명한 것처럼 안테나 인자는 안테나 고유의 성능을 결정하는 데 유용한 매개변수이다. 다음과 식(3.1.1)와 같이 수신 안테나에 유도되는 전압(V)에 대한 전계 강도(E)의 비율로 정의된다.

$$AF(dB/m) = 20\log\left(\frac{E}{V}\right) \tag{3.1.1}$$

안테나 인자는 식(3.1.2)에서 보는 것처럼, 송신(Tx) 및 수신(Rx) 안테나 인자가 각각 AF_{TX} 및 AF_{RX}이고 SIL은 사이트 삽입 손실이다. 안테나 계수는 다음과 같다.

$$AF_{TX} + AF_{RX} = SIL + 20\log(f_{MHz}) - 20\log(d) - 32 \tag{3.1.2}$$

여기서, f_{MHz}는 주파수(㎒ 단위), d는 두 안테나 사이의 거리(m 단위)를 나타낸다.

식 3.1.2.에서 Tx 안테나와 Rx 안테나가 동등(크기, 모양, 특성이 같은)한 경우 두 안테나 사이의 SIL을 측정하여 동일한 안테나 인자(AF)를 쉽게 계산할 수 있으며, 식(3.1.3)을 사용하여 $AF_{TX} = AF_{RX}$인 동등한 안테나 인자를 구할 수 있다.

$$AF_{TX} = AF_{RX} = \frac{1}{2}SIL + 10\log(f_{MHz}) - 10\log(d) - 16 \quad (3.1.3)$$

이때 Tx 안테나와 Rx 안테나의 성능 차이는 0.2 dB 이내이면 불확도를 고려한 동등 안테나로 설명할 수 있으며, 이는 새로운 형태의 표준 안테나라고 정의할 수 있다.

3.1.2 안테나 설계 및 동등성 시험

2-안테나 법을 적용한 표준 안테나 인자를 얻기 위해서는 두 개의 동등 안테나가 필요하다. 여기서 동등 안테나는 물리적으로 형상 및 특성이 동일해야 한다. [그림. 3.1.1]과 같이 제안하는 피라미드형 혼 안테나는 직사각형 도파관, 혼 개구, 급전 커넥터로 구성된다.

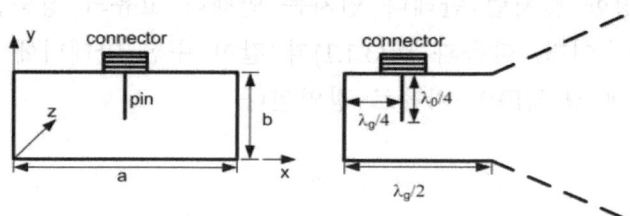

[그림 3.1.1] 직사각형 도파관 및 혼 안테나 구조

동일한 안테나 특성을 얻기 위해 공차가 0.01 mm인 수치 컴퓨터(NC) 공정을 사용하여 두 개의 안테나를 제작하였다. 제작된 2개의 혼 안테나(A, B)의 동등성을 확인하기 위해 전파시험인증센터의 야외시험장(Open Area Test Site, OATS)에서 2개의 안테나의 SIL(Site Insertion Loss)을 측정하였다. 또한 [그림 3.1.2]에서처럼 송신 안테나는 SCHWARZBECK BBHA9120 D 모델인 임의의 광대역 혼(C)을 사용하고 안테나 치환법(대체방법)을 이용하여 안테나 간 감쇠량을 측정하였다. 1 ㎓ - 18 ㎓의 주파수 범위에서 모든 측정 결과는 0.2 dB 이내의 오차를 보임으로써 그 동등성이 검증되었다.

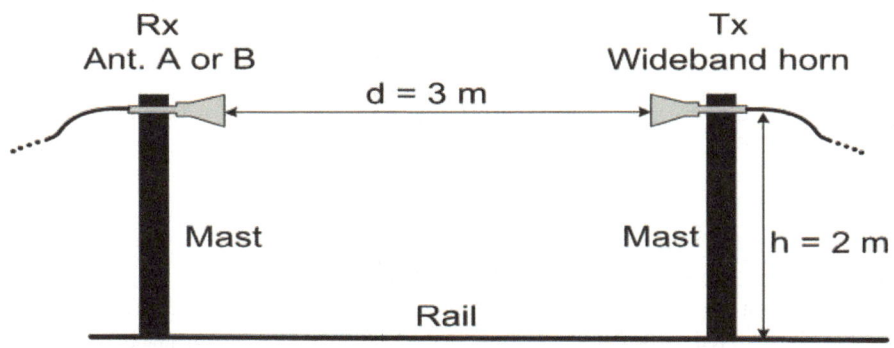

[그림 3.1.2] 동등성 검증을 위한 측정 구성

제작된 혼 안테나의 동등한 안테나 인자(AF)는 앞에서 설명한 산출공식 (3.1.2)으로 쉽게 산출할 수 있다. 안테나 사이의 공간삽입손실(SIL) 양을 한 번의 측정으로 가능하다. 이때 측정구성은 [그림 3.1.2]와 같이 지면에서 안테나의 높이와 두 안테나 사이의 거리를 각각 3 m와 2 m로 설정하였다.

C-RTM 측정방법의 유효성을 검증하기 위해 임의의 광대역 혼 안테나(C)를 TAM과 C-RTM 두 가지 방법으로 교정한 후 산출된 광대역 안테나(C)의 안테나 인자를 서로 비교한 결과 두 방의 최대편차는 [그림 3.1.3] ~ [그림 3.1.9]에서 보여주는 바와 같이 0.2 dB 이내로 모두 만족하였다. 따라서 연구원에서 개발한 C-RTM은 안테나 교정을 위해 사용할 수 있음을 검증하였다.

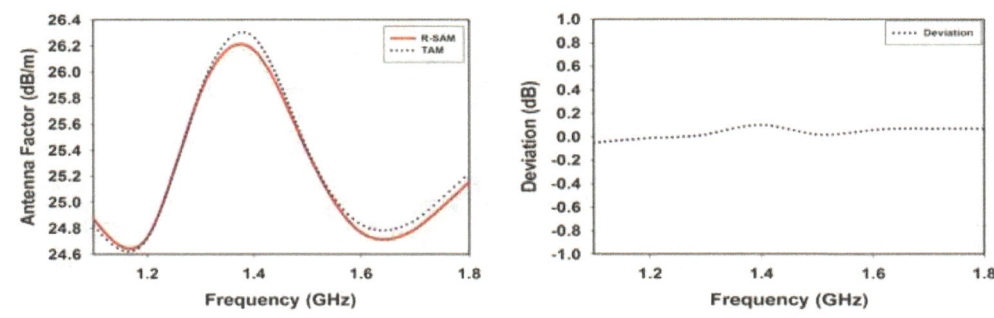

[그림 3.1.3] 1.12 ㎓ ~ 1.8 ㎓ 대역 상호비교 측정결과 : (a) 안테나 인자, (b) 편차

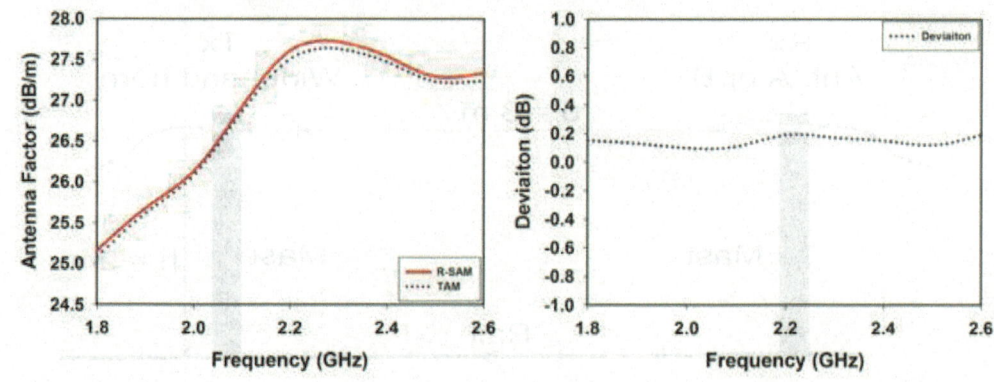

[그림 3.1.4] 1.8 ㎓ ~ 2.6 ㎓ 대역 상호비교 측정결과 : (a) 안테나 인자, (b) 편차

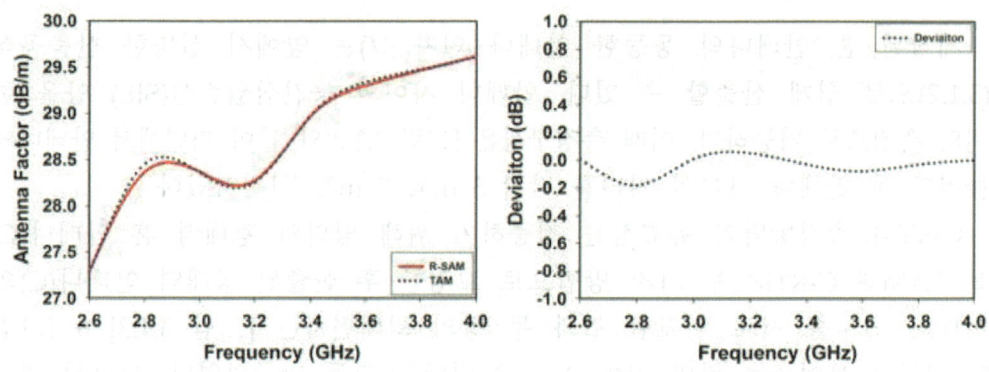

[그림 3.1.5] 2.6 ㎓ ~ 3.95 ㎓ 대역 상호비교 측정결과 : (a) 안테나 인자, (b) 편차

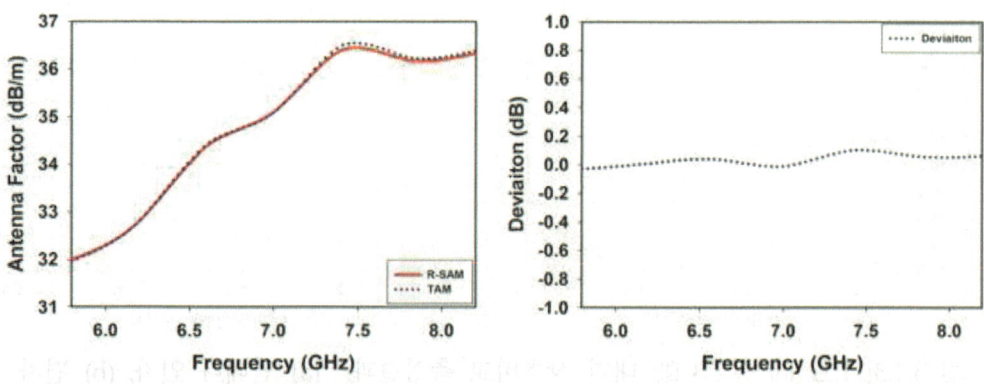

[그림 3.1.6] 3.95 ㎓ ~ 5.85 ㎓ 대역 상호비교 측정결과 : (a) 안테나 인자, (b) 편차

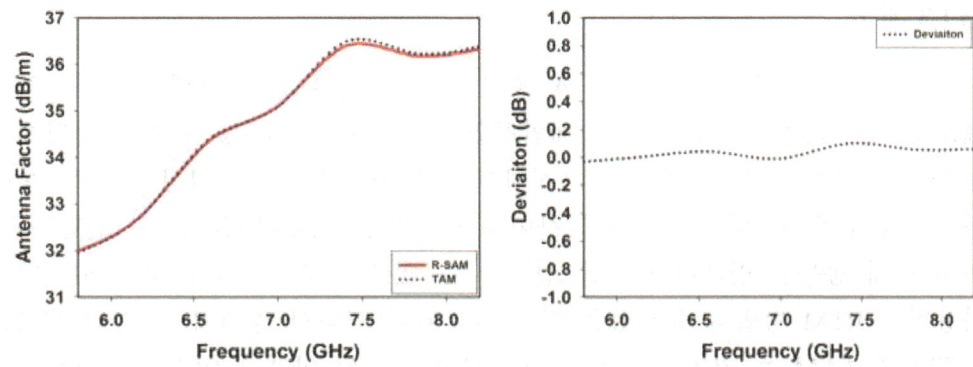

[그림 3.1.7] 5.85 ㎓ ~ 8.2 ㎓ 대역 상호비교 측정결과 : (a) 안테나 인자, (b) 편차

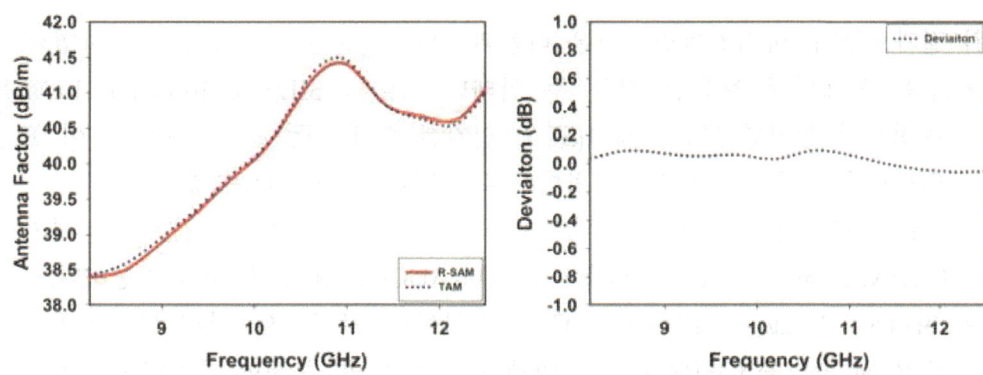

[그림 3.1.8] 8.2 ㎓ ~ 12.4 ㎓ 대역 상호비교 측정결과 : (a) 안테나 인자, (b) 편차

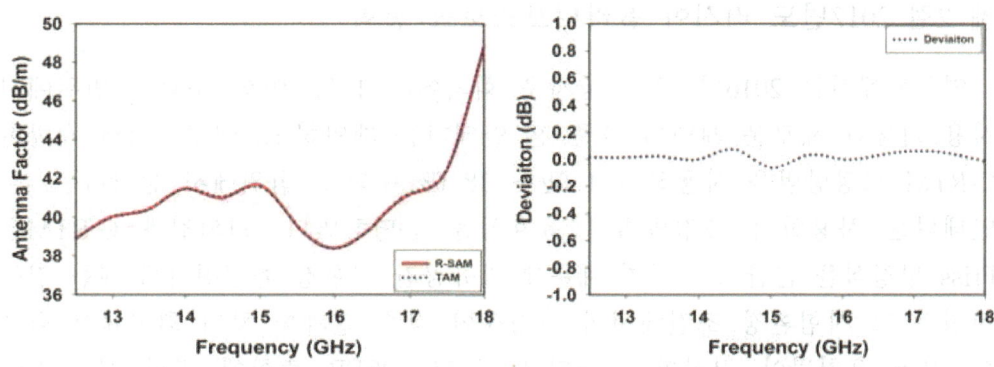

[그림 3.1.9] 12.4 ㎓ ~ 18 ㎓ 대역 상호비교 측정결과 : (a) 안테나 인자, (b) 편차

3.1.3 결론

중국 항저우에서 열린 CISPR A 총회에서 두 개의 동등 안테나를 사용하는 새로운 개념의 표준 안테나를 제안하였다. 1 ㎓ ~ 18 ㎓ 주파수 범위에서 동등한 피라미드 혼 안테나를 제시하고, 0.2 dB 이내의 균일성 실험을 통해 동등함을 검증하였다. 두 안테나 사이의 공간삽입손실(SIL)을 단 한 번만 측정하여 쉽게 동등한 안테나 인자를 산출할 수 있음을 증명하였다. 표준 안테나를 사용한 C-RTM 방법의 유효성을 검증하기 위해 임의의 광대역 혼 안테나(C)를 C-RTM과 TAM 두 가지 방법으로 교정하고 산출된 안테나 인자를 상호비교한 결과 최대 오차가 0.2 dB 미만임을 보임으로써, 안테나 교정에 C-RTM 방법을 사용할 수 있음을 증명하였다.

위 결과로부터, 국립전파연구원은 다음과 같이 표준문서 개정을 제안하였다.

- 동등 안테나를 보유한 경우 두 안테나 사이의 SIL(Site Insertion Loss)을 측정하여 동일한 표준안테나(STA) 인자를 쉽게 산출할 수 있으며, 이 표준 안테나를 사용하여 C-RTM 방법으로 안테나를 교정할 수 있다.
- 기존의 EMI 안테나 교정 방식은 3개의 안테나 측정 조합을 사용해야 하지만, C-RTM은 하나의 STA와 피측정 안테나(AUC)로 한 번에 교정 가능하다.
- 따라서, 1 ㎓ ~ 18 ㎓ 주파수 범위에서 표준 혼 안테나를 사용하는 C-RTM 방법을 CISPR 16-1-6 '안테나 교정 방법' 문서에 개정하는 프로젝트 승인을 제안하였다.

제 2절 2017년도 러시아 블라디보스토크 총회

연구원에서는 2016년 중국 항저우 회의에서 1 ㎓ 이상 주파수 범위에서 사용 가능한 새로운 개념의 표준 혼 안테나를 제안하고, 연구원에서 개발한 C-RTM 교정방법을 사용하여 1 ㎓ ~ 18 ㎓ 주파수 범위에서 동작하는 혼-안테나를 사용하여 교정방법의 유효성을 증명하였다. 회의결과 C-RTM은 Friss 방정식을 근간으로 하기 때문에 자유공간 시험장 환경평가에 대한 검증 시험과 그 시험환경 조건에서의 교정방법 검증 결과를 차기 회의에서 발표할 것을 요청받아 러시아 블라디보스토크 CISPR 총회에 관련 시험·검증 결과를 기고하고 발표하였다.

3.2.1. 1 GHz 이상 안테나 교정방법(C-RTM) 제안

AF는 안테나 고유의 성능을 결정하는 데 유용한 매개변수로써, 다음과 같이 수신 안테나에서 유도되는 전압(V)에 대한 전계 강도(E)의 비율로 정의된다.

$$AF(dB/m) = 20\log\left(\frac{E}{V}\right) \quad (3.2.1)$$

안테나 인자는 식(3.1.3)에서 보는 것처럼, 송신(Tx) 및 수신(Rx) 안테나 인자가 각각 AF_{TX} 및 AF_{RX}이고 SIL은 사이트 삽입 손실이다. 안테나 계수는 다음과 같다.

$$AF_{TX} + AF_{RX} = SIL + 20\log(f_{MHz}) - 20\log(d) - 32 \quad (3.2.2)$$

여기서, f_{MHz}는 주파수(MHz 단위), d는 두 안테나 사이의 거리(m 단위)를 나타낸다.

AF_{RX} 또는 AF_{TX} 중 안테나 인자 하나를 알고 있는 STA을 식(3.2.3)에 사용하면 AUC의 AF는 한 번의 측정만으로 값을 산출할 수 있다.

$$AF_{AUC}(dB/m) = AF_{STA} + (SIL_{STA} - SIL_{AUC}) \quad (3.2.3)$$

3.2.2 C-RTM 검증을 위한 자유공간(FAR) 조건의 시험장 환경 평가

1GHz 이상 주파수 대역에서 C-RTM 방법의 유효성을 검증하기 전에 시험장 환경이 자유공간(Free Space Antenna Range, FAR) 조건을 충족하는지 검증해야 한다. 시험장 평가방법은 CISPR 16-1-5[Ed. 2.0 - 5. 30 MHz에서 18 GHz까지의 FAR에 대한 검증 방법]에 제시되어 있다. 먼저, 측정 구성은 1 GHz ~ 18 GHz 대역에서 동작하는 광대역 혼 안테나(TX = RRA 1, RX = RRA 2)를 2m 높이에 장착하였으며, 두 안테나는 수직 편파로 지향하고 지면(하단)에 흡수체를 설치하였다. 측정 주파수 범위는 1 GHz ~ 18 GHz(500 MHz 간격)로 설정하고 측정 구성은 [그림 3.2.1] 보여주는 바와 같이, 송신(TX) 안테나를 기준으로해서 수신(RX) 안테나를 2.8 m부터, 2.9 m, 3.0 m, 3.1 m, 3.2 m로 10 ㎝ 간격으로 이동하면서 시험장 감쇄량 값(Site Insertion Loss, SIL)을 측정하였다.

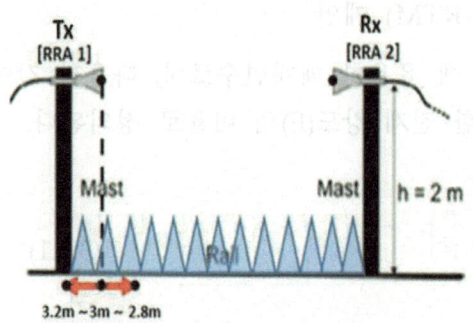 

[그림 3.2.1] 자유공간 시험장 평가 측정 구성

각각의 주파수 대역에서 2. 8m에서 3.2 m까지 감쇠의 최대 및 최소 편차가 ±0.5 dB(peak to peak A_(im(d)) ≤ ±0.5 dB) 이내이면 시험장 환경은 자유공간 (FAR) 조건을 충족한다고 할 수 있다. [그림 3.2.2]와 같이 1㎓ ~ 17.5 ㎓ 주파수 대역에서 2.8 m ~ 3.2 m에 대한 측정결과는 모두 ±0.5 dB 이내로 FAR 조건을 만족함을 확인하였다.

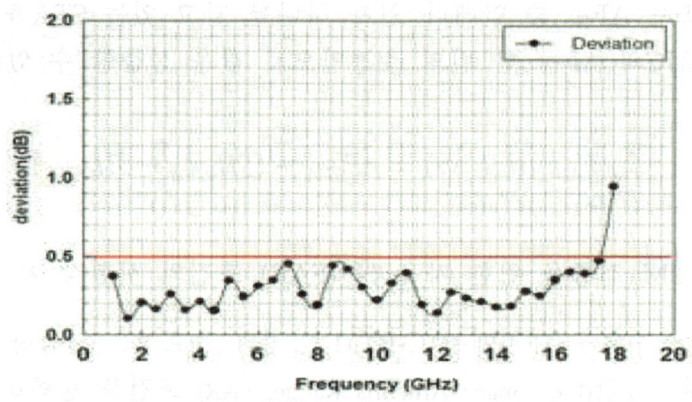

[그림 3.2.2] 자유공간 시험장 환경 평가 결과

3.2.3. C-RTM 방법의 유효성 검증

C-RTM 교정방법 검증을 위해 1 ㎓ ~ 18 ㎓ 주파수 범위에서 혼 안테나 쌍을 사용하여 C-RTM과 기존 안테나 교정 방법으로 측정하고 결과를 상호 비교하였다. 또한 밀리미터파 대역 장비 증가로 인해 18 ㎓ ~ 40 ㎓ 주파수 범위에 대해서도 C-RTM 교정방법을 적용할 수 있는지 그 가능성을 확인

하였다. 측정 구성은 [그림 3.2.3]에 보여주는 바와 같이, 두 안테나 사이의 거리(d) = 3 m, 안테나 높이(h) = 2 m로 위치시키고 바닥면에는 전파반사를 최소화하기 위한 흡수체를 설치하였다.

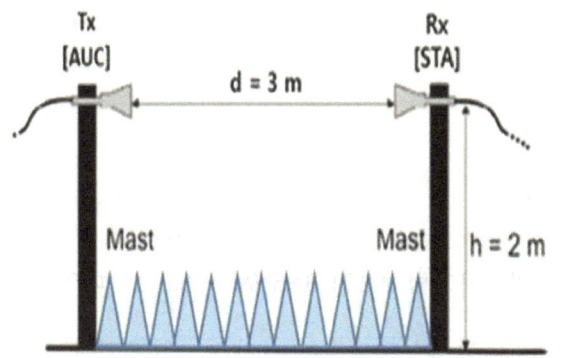

[그림 3.2.3] C-RTM 교정방법에 대한 측정 구성

C-RTM 교정방법의 유효성 검증을 위해, C-RTM, TAM 및 SAM 세 가지 안테나 교정방법으로 임의의 광대역 혼 안테나(C)를 교정하고 결과를 상호 비교하였다. [그림 3.2.4] ~ [그림 3.2.12]에서 보여주는 바와 같이, 세 가지 방법으로 측정한 광대역 안테나(C) 인자(AF)의 최대 편차는 0.2 dB 이내를 보임으로써 C-RTM 교정방법에 대한 유효성을 검증하였다.

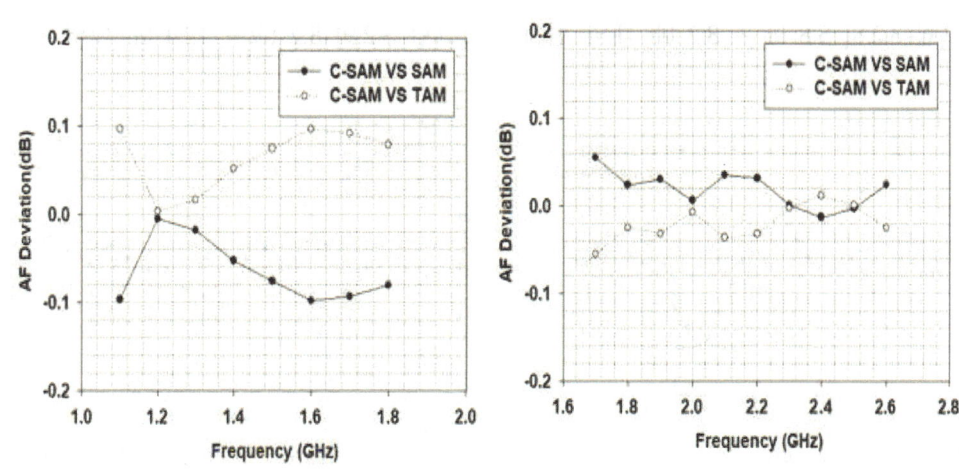

[그림 3.2.4] 1.12 GHz ~ 1.8 GHz 대역 편차   [그림 3.2.5] 1.8 GHz ~ 2.6 GHz 대역 편차

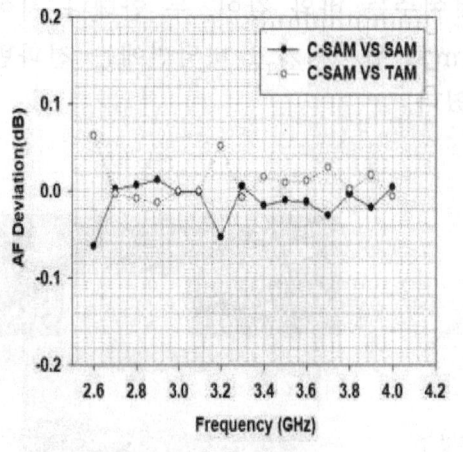

[그림 3.2.6] 2.6 ㎓ ~ 3.95 ㎓ 대역 편차

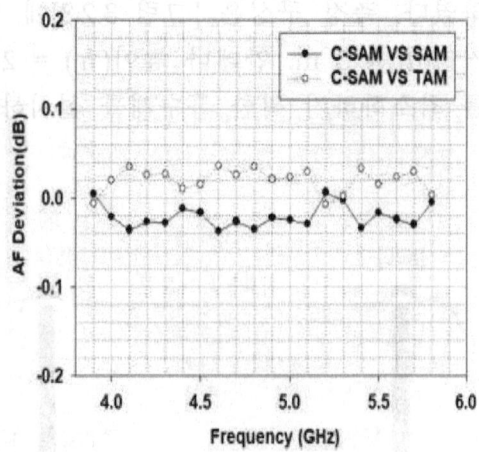

[그림 3.2.7] 3.95 ㎓ ~ 5.8 ㎓ 대역 편차

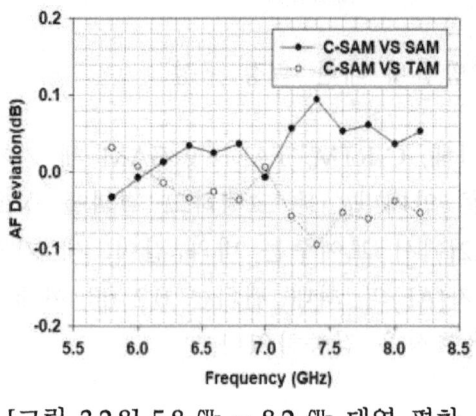

[그림 3.2.8] 5.8 ㎓ ~ 8.2 ㎓ 대역 편차

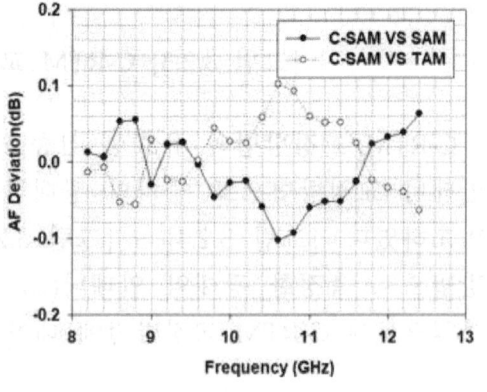

[그림 3.2.9] 8.2 ㎓ ~ 12.4 ㎓ 대역 편차

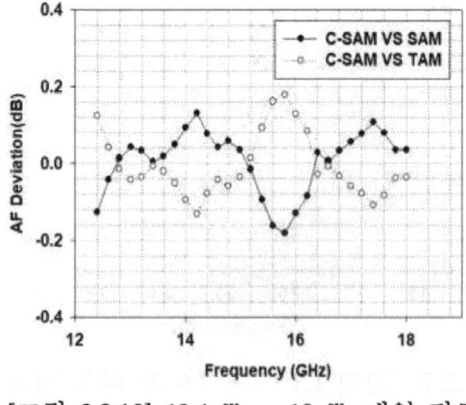

[그림 3.2.10] 12.4 ㎓ ~ 18 ㎓ 대역 편차

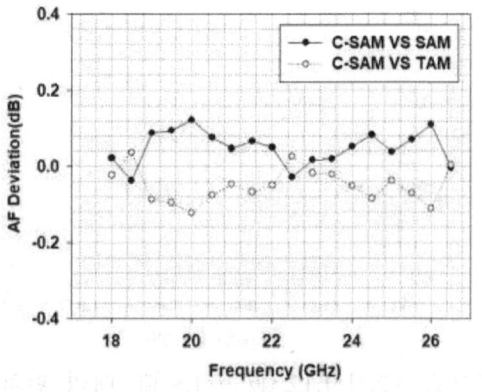

[그림 3.2.11] 18 ㎓ ~ 26.5 ㎓ 대역 편차

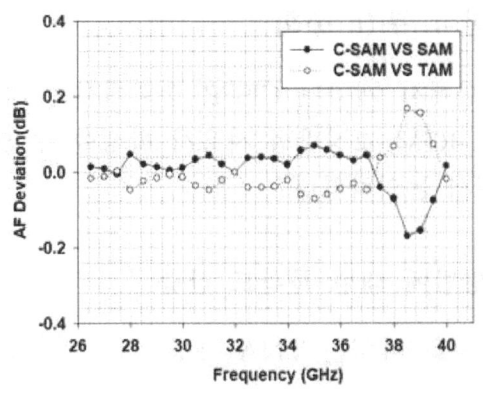

[그림 3.2.12] 26.5 ㎓ ~ 40 ㎓ 대역 편차

3.2.3. 결론

새로운 개념의 교정방법 C-RTM을 CISPR 16-1-6 '안테나 교정 방법 [ED1.0]'의 개정(Amd) 제안을 위해 1 ㎓ ~ 40 ㎓ 대역에서 동작하는 혼 안테나를 기존의 교정방법과 C-RTM을 사용하여 상호비교 측정을 수행하였다. 모든 주파수 범위(1 ㎓ ~ 40 ㎓)에서 C-RTM과 기존 안테나 교정 방법(TAM 및 SAM)을 비교한 결과 최대 편차가 ±0.2 dB 이내임을 검증함으로써, C-RTM 교정방법에 대한 유효성이 증명되었다. 따라서, 이러한 결과를 바탕으로 국립전파연구원은 2017년도 러시아 블라디보스토크 CISPR A 총회에서 CISPR 16-1-6[ED1.0] 개정안을 제안하였다. 회의결과, 국립전파연구원에서 제안한 C-RTM 안테나 교정방법에 대한 개정(안)과 측정불확도를 작성하여 2018년 6월까지 CISPR A/WG1에 제출하고, 2018년 부산총회에서 다시 논의하기로 승인되었다.

제 3절 2018년도 한국 부산 총회

2018년도 한국 부산에서 개최된 CISPR 총회에서는 지난해 블라디보스토크 회의에서 요청받은 C-RTM 교정방법 사용시 발생할 수 있는 측정불확도 산출 실험 및 결과에 대해서 논의하였다.

3.3.1. C-RTM 교정방법에 대한 불확도 산출

3.3.1.1. 측정에 영향을 미치는 VNA 특성

벡터네트워크분석기(VNA)의 불확도 산출 요소에는 측정시스템의 불안정성, 수신기 잡음 등이 포함된다. [그림 3.3.1]과 같이, 1 ㎓ ~ 18 ㎓까지 측정에 해당하는 주파수 대역을 설정하고, 신호 발생기(SG) 또는 VNA의 송신부(TX)를 사용하여 선택한 주파수에 수신된 신호의 결과를 VNA에 10회 이상 기록하였다. 측정 과정에서 임피던스 부정합으로 인한 측정오류를 최소화(방지)하기 위해 SG 및 VNA에 감쇠기가 사용됩니다. 수신기, 신호발생기의 표준편차, 감쇠기의 불확도를 포함한 표준불확도(= u_i)를 계산한다(제조업체에서 제공하는 VNA, SG, 감쇠기의 오차). 확률분포는 직사각형 분포(= √3)를 적용한다. 따라서 측정에 영향을 미치는 VNA 특성의 불확도(= u_i)는 0,1의 값을 산출하였다.

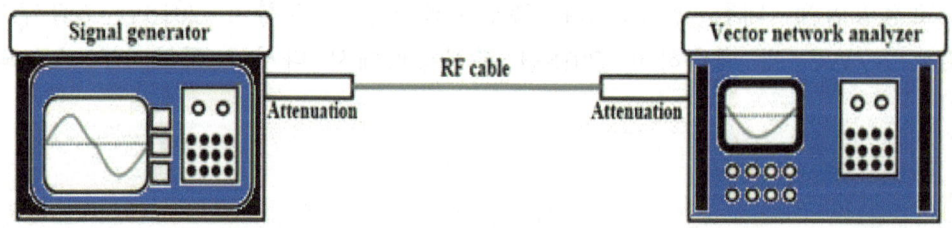

[그림 3.3.1] 측정에 영향을 미치는 신호발생기(또는 VNA) 측정 설정

3.3.1.2 부정합(Mismatch)

각 측정 장비 간 이상적인 정합(match)이 이루어지지 않으면 부정합(mismatch)으로 인한 불확도 요소가 포함될 수 있다. 따라서 Uncertainty는 U자형 분포를 나타내며 다음 식(3.3.1)에 따라 계산된다.

$$u_{mismatch} = \frac{|\Gamma_i| \times |\Gamma_j| \times |S_{21}| \times |S_{12}| \times 100\%}{11.5 \times \sqrt{2}} \qquad (3.3.1)$$

여기서,

$|\Gamma_i|$ 및 $|\Gamma_j|$ 각 측정 장비의 반사 계수이며,

$|S_{21}|$ 및 $|S_{12}|$ 측정 장비의 전송 계수를 나타낸다.

[그림 3.3.2]와 같이 AUC 1개와 혼 안테나 2개를 케이블로 연결하고 네트워크 분석기(Agilent E8362B)를 사용하여 안테나 사이의 공간 감쇄량(SIL)을 측정한다.

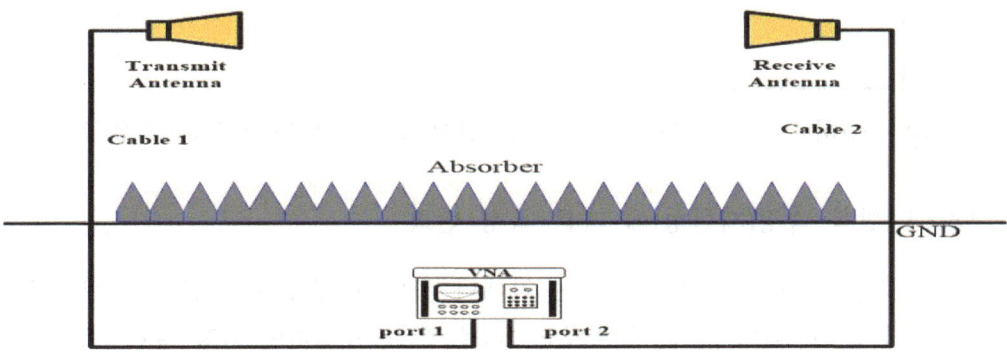

[그림 3.3.2] C-RTM의 부정합 대한 측정불확도 분석을 위한 측정 구성

위와 같은 측정구성의 경우 부정합 요인은 케이블 1과 안테나 1의 결합과 케이블 2와 안테나 2에 대한 결합 2가지 경우가 해당된다. 따라서 관련 확률분포는 정규 분포(=1)를 적용하며, 안테나-케이블간 부정합에 대한 불확도(= u_i)는 0.05이다.

3.3.1.3. 온도에 따른 케이블 감쇠 변화

시험장 지면 온도 변화가 케이블의 전송 계수에 미치는 영향을 평가하기 위해 [그림 3.3.3]과 같이 안테나 교정 야외시험장 접지면에서 전송 계수를 측정하였다. C-RTM의 측정시간은 약 25분 정도 소요되며, 온도 편차는 ± 3 °C 이내이다. 따라서, 온도 편차에 따른 SIL의 편차는 0.06 dB의 값을 갖으며, 관련된 확률분포는 직사각형 분포(= $\sqrt{3}$)가 적용되며 계산된 표준 불확도(=

u_i)는 0.03이다. 만약 온습도가 일정하게 유지될 수 있는 공조시설을 갖추고 있는 시험장이라면 해당 불확도 값은 고려하지 않아도 된다.

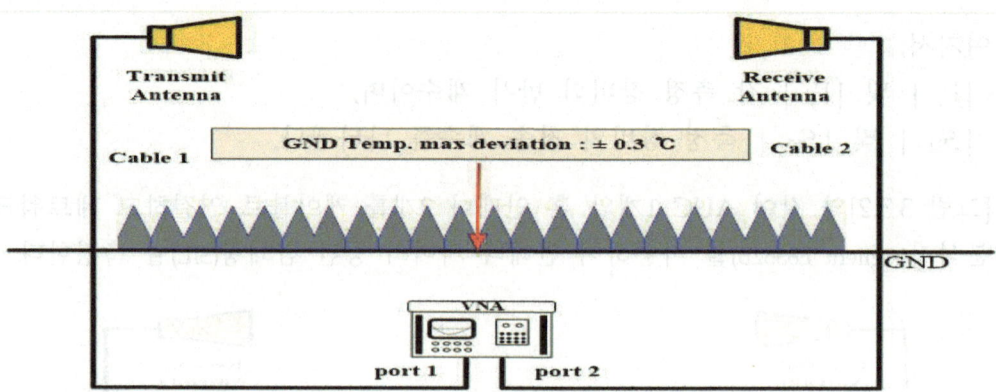

[그림 3.3.3] 지면 온도에 따른 케이블 감쇠 변화에 대한 불확도 측정 설정

3.3.2.4. 반복 측정(재현성)에 따른 특성 변화

반복 측정에 따른 측정 불확도는 안테나 사이의 전송 계수 S_{21}을 반복 측정하여 추정할 수 있다. 표준 불확도는 S_{21}을 반복 측정하여 A형 불확도로 평가한다. S_{21}은 주파수에 따라 20회 측정하였으며, 평균값과 실험 준편차를 계산하여 식 (3.3.2)로 정의되는 A형 불확도를 산출하였다.

$$u_A = \text{표준 편차} \sqrt{N} \qquad (3.3.2)$$

여기서 N은 반복 측정 횟수를 나타낸다.
확률분포는 정규 분포(=1)를 적용하였으며, 반복 측정에 대한 불확도(= u_i)는 0.18의 값을 산출하였다.

3.3.1.5. 안테나 간 축 정렬에 의한 특성 변화

가. 안테나 사이 이격거리 오차에 따른 특성 변화

안테나 교정을 위한 측정구성 시 안테나 간 축 정렬 오차(불일치)로 인해 오류가 발생할 수 있다. 송신 안테나와 수신 안테나 사이의 높이가 2 m이고 간격이 3 m인 경우 수신 안테나의 거리를 1 cm 단위로 최대 ±4 cm 변경하면서 값의 변화를 살펴보았다. 거리 변화에서 최대 공간감쇠량(SIL) 편차

0.3 dB로 분석하였으며, 확률분포는 직사각형 분포(= √3)를 적용하여 불확도(= u_i)의 값을 0.17로 산출하였다.

나. 안테나 높이에 위치 오차에 따른 특성 변화

안테나의 축 정렬에서 안테나 사이의 높이 불일치로 인해 오차가 발생한다. 송신 안테나와 수신 안테나 사이의 높이가 2 m이고 이격거리가 3 m인 경우 수신 안테나의 높이는 단계 크기 1 cm로 ±2 cm 로 변경된다. 높이 변화에서 최대 SIL 편차는 0.24 dB이다. 따라서 확률분포는 직사각형 분포(= √3)를 적용하고 표준 불확도(= u_i)는 0.14의 값을 산출하였다.

다. 안테나의 방위각 설정 오차에 대한 특성 변화

안테나의 축 정렬 중에 안테나 간의 방위각 불일치로 인해 오류가 발생한다. 송신 안테나와 수신 안테나 사이의 높이가 2 m이고 간격이 3 m이면 수신 안테나의 방위각이 ± 1° 변경된다. 이때 방위각 변경에서 최대 SIL 편차는 0.15 dB입니다. 따라서 확률분포는 직사각형 분포(= √3)를 적용하고 표준 불확도(= u_i)는 0.09의 값을 산출하였다.

3.3.1.6. 위상 중심 위치 오차에 대한 특성 변화

안테나 위상 중심에 대한 불확도가 발생할 수 있다. [그림 3.3.4] 와 같이 혼 안테나의 위상 중심이 혼 길이 L의 중간점에 있다고 가정한다. d - L / 2 또는 d + L / 2 범위에서 불확도가 발생할 수 있으며, 위상 중심의 불확도 산출 방정식(3.3.3)에서 Δd에 L/2를 할당하여 추정할 수 있다. 확률분포는 직사각형 분포(= √3)를 적용하면 위상 중심의 불확도(= u_i)는 0.11의 값을 갖는다.

$$u_{d1}(dB) = \left| 10 \log_{10}\left(\frac{\Delta d}{d}\right) \right| \tag{3.3.3}$$

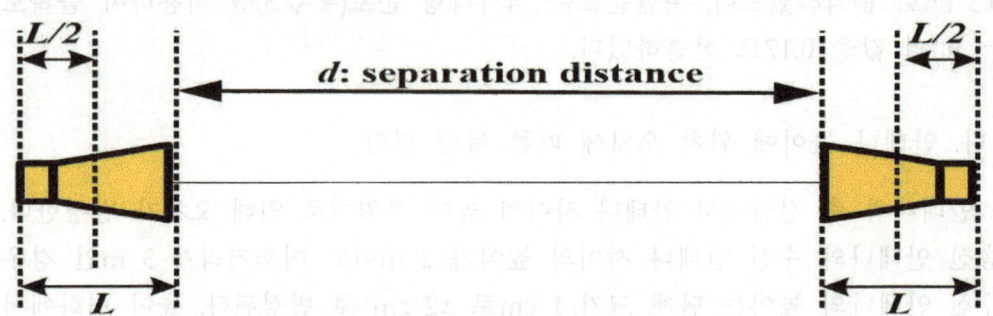

[그림 3.3.4] 위상 중심 위치 오차 특성 변화 측정 구성

3.3.1.7. 시험장 주변(ambient) 잡음에 따른 특성 변화

안테나 교정 중에 야외시험장 주변 잡음이 측정에 영향을 미칠 수 있다. 주변 잡음이 불확도에 기여도는 안테나 교정의 주 신호 비율에 따라 [표 3.3.1]에서 평가된다. 측정 결과는 편차 20 dB 이내이다. 확률분포는 직사각형 분포(= √3)를 적용하고 표준 불확도(= u_d)는 0.06으로 산출할 수 있다.

[표.3.3.1] 주변 잡음이 불확도에 미치는 영향 기여도 평가

수신기 바닥 잡음 레벨	표준 불확도 기여도[dB]
3 dB	1,57 dB
3 dB ~ 6 dB	0,80 dB
6 dB ~ 10 dB	0,30 dB
10 dB ~ 20 dB	0,10 dB
20 dB 이상	0,00 dB

3.3.1.8. 다중 반사

안테나 교정 시 직접파와 반사파 경로의 차이로 인해 오차가 발생할 수 있는데, 반사파 경로는 식(3.3.4)에서 계산할 수 있다.

$$d_1 = \sqrt{(d_2/2)^2 + h_2} \tag{3.3.4}$$

여기서 직접파와 반사파의 경로차는 d_2-d_1이다. 이를 실제 측정된 경로차이와 비교할 때 최대 편차는 0,05이다. 확률분포는 직사각형 분포(= $\sqrt{3}$)를 적용하고 표준 불확도(= u_i)는 0,03으로 산출할 수 있다.

3.3.1.9. 교정 사이트 환경조건에 따른 특성 변화

안테나 교정 야외 시험장의 환경조건에 따른 오류가 발생할 수 있다. 관련 오류 특성을 관찰해보기 위해, 수신 안테나의 높이를 2 m, 이격거리를 3 m로 하여 수신안테나의 거리를 ±20 cm로 스텝사이즈를 10 cm로 변경하여 감쇠결과의 최대편차와 최소편차를 비교하였다. 이때 최대 편차는 0,46 dB의 값을 보였으며, 확률분포는 직사각형 분포(= $\sqrt{3}$)를 적용할 수 있으므로 산출된 불확도 (= u_i)는 0,27의 값으로 산출된다.

3.3.1.10. 표준 안테나 인자에 대한 표준 불확도

제작된 표준 안테나(STA)는 수치적으로 계산된 이득과 비교하여 STA에 대한 이득 오류를 발생시킬 수 있다. 이러한 이유로 STA의 이득을 측정하고 수치적으로 계산한 결과를 비교하여 최대 편차가 0.19 dB로 확인되었다. 이때, 확률분포는 직사각형 분포(= $\sqrt{3}$)를 적용하고 표준 불확도(= u_i)는 0,11로 산출할 수 있다.

3.3.1.11. 표준 불확도

표준 불확도 u_c는 방정식 (8)로 주어지며 C-RTM은 0.41의 값을 갖는다.

$$u_c = \sqrt{u_1^2 + u_2^2 + u_3^2 + u_4^2 + u_5^2 + u_6^2 + u_7^2 + u_8^2 + u_9^2 + u_{10}^2 + u_{11}^2 + u_{12}^2} \tag{8}$$

3.3.1.12. 합성 불확도

확장 불확도 U는 방정식 (9)로 주어지며 C-RTM은 0.90의 값을 갖으며 [표 3.3.2]와 같이 정리하였다.

$$U = K(=2) \times u_c \tag{9}$$

[표 3.3.2] C-RTM 교정방법에 대하 측정 불확도 산출 결과

불확도 소스	값(dB)	확률분포	나눗수	민감도	불확도u_i, (dB)
VNA 측정장비	0.17	직각	$\sqrt{3}$	1	0.10
부정합	0.05	정규	1	1	0.05
케이블감쇄(온도에따른)	0.06	직각	$\sqrt{3}$	1	0.03
반복측정(재현성)	0.18	정규	1	1	0.18
안테나 이격거리	0.30	직각	$\sqrt{3}$	1	0.17
안테나 높이	0.24	직각	$\sqrt{3}$	1	0.14
안테나 방위각	0.15	직각	$\sqrt{3}$	1	0.09
위상중심	0.19	직각	$\sqrt{3}$	1	0.11
주변잡음	0.10	직각	$\sqrt{3}$	1	0.06
주변 다중반사	0.05	직각	$\sqrt{3}$	1	0.03
시험장 자유공간조건	0.46	직각	$\sqrt{3}$	1	0.27
표준안테나 인자	0.19	직각	$\sqrt{3}$	1	0.11
합성 표준 불확도, u_c					0.45
확장 불확도, U(k=2)					0.90

3.3.2. 결론

C-RTM은 우수한 자유 공간 조건을 만족하는 야외 시험장이 있는 경우 기존의 안테나 교정 방법(TAM 및 SAM)과 달리 단 한 번의 측정으로 AF를 계산하는 유용한 방법이다. 하지만, 아직까지 CISPR 16-1-6:2014에는 C-RTM에 대한 정보가 없어 CISPR 16-1-6 '안테나 교정방법' 표준문서에 등재되기 위한 개정(안)을 제안하였다.

제 4절 2019년도 중국 상하이 총회

2019년 중국 상하이에서 개최된 CISPR 총회에 참석하여 간편한 1 GHz 이상 안테나 교정방법에 대해 기고 발표하고 차기 문서 개정안을 제시하였다. 참여 배경으로는 연구원에서는 ‘17년 러시아 블라디보스톡 총회에서 1 GHz 이상 대역에서 사용 가능한 간소화된 안테나 교정법(C-SAM)에 기고를 진행하였으며, 측정불확도를 산출하여 제시할 것을 요청받았다. 이에 국제표준인 CISPR 16-1-6의 개정안(amd) 내용 반영을 추진을 위해 C-SAM 교정방법의 측정불확도 값을 구하기 위해 VNA의 특성, 케이블 감쇠 및 온도 특성, 측정 반복도, 안테나 축정렬에 의한 오차, 위상 중심, 테스트 사이트 환경 등 총 12가지 인자를 고려하였다. 중국 상하이 회의당시 기고/발표한 C-RTM 안테나 교정방법의 불확도 산출에 대한 국외 전문가들의 이견은 없었으며, 본 기고내용에 대한 DC문서 발행 및 각국의 의견을 수렴하고 관련 답변을 제출할 것을 요청받았다. 아래 소절에서는 각국 NC에서 제시한 의견과 관련 답변내용에 대해서 자세히 소개하고자 한다.

4.1.1. 제출한 DC 문서에 대한 각국 NC 회람 결과

Report of Comments on CIS/A/1340/DC

Circulation Date: 2021-04-30 **Closing Date: 2021-06-11**

Proposal for the next maintenance of CISPR 16-1-6: Revision on items of three-antenna method and standard antenna method using the principle of Compact-Standard Antenna Method above 1 GHz

Country	Status	Comments	Received
Australia	P	Y	2021-06-11
Austria	P	N	2021-06-10
Belarus	O	N	2021-06-08
Belgium	P	N	2021-06-09
⋮			
Ukraine	O		
United Kingdom	P	Y	2021-06-10
United States of America	P	N	2021-06-07

	P-members	O-members	Non-members	Total
Y : comments received	7	1	0	8
N : no comments	12	4	1	17
- : no response	4	15	0	19

Notes

P-members with no response: Estonia; Korea, Republic of; Sweden; Switzerland

*Comments not included in the compiled table, available as a separate file, because they were not submitted using the template Form-Comments.

[그림 3.4.1] 제출 DC문서에 대한 각국 NC의 회람 결과

[그림 3.4.1]은 C-RTM과 관련하여 제출한 DC문서(CIS/A/1340)에 대한 각국 NC의 회람결과 요약자료를 보여준다. 그림에서 알 수 있듯이, 총 43개국(P-멤버: 23개국, O-멤버: 20개국) 중 투표에 참여한 P멤버중 7개국에서 개정안 찬성, 이견없음 12, 무응답 4건으로 대부분 긍정적인 답변을 받았다. 다만 몇몇 국가 NC에서 요청한 내용에 대한 답변 결과는 다음 소절에 기술하였다.

4.1.2. 제출된 NC 의견 요청 및 답변 결과

몇몇 국가 NC 의견과 관련 답변자료는 다음과 같다.

오스트레일리아의 첫 번째 의견은 제안된 C-SAM(C-RTM 이전 명칭)은 CISPR 16-1-6에 설명된 SAM(Standard Antenna Method)의 약간 수정된 버전이다. 따라서 이 방법은 표준(기준) 안테나의 안테나 인자 또는 이득을 계산할 수 있는 경우 SAM의 특수한 경우로 간주되어야 한다. 따라서 제안한 DC 문서 초안의 내용을 CISPR 16-1-6에 추가시키기 전에 기존 SAM 방법에 비해 몇 가지 분명한 이점을 입증해야 한다고 주장하였다. 이에 대해 연구원에서는 TAM과 유사하게 일반적으로 사용되는 SAM은 안테나 교정을 위해 3개의 안테나가 필요하며 기준(Reference) 안테나와 측정 대상 안테나(AUC)의 수신 값을 비교하여 안테나 인자(AF)를 산출한다. 반면 C-SAM에서는 AF 값을 알고 있는(사전 교정된) 안테나를 사용하여 두 개의 안테나(기준, AUC)만 필요로 한다. 미리 교정된 기준 안테나 또는 표준 안테나를 사용하는 것은 SAM 방식과 유사하기 때문에 SAM의 특수한 경우, 즉 C-SAM이라 할 수 있다. 그러나 C-SAM은 안테나 교정 전에 TAM과 같은 자유 공간 조건을 충족해야 한다. SAM 및 TAM과 달리 C-SAM은 AUC의 AF를 한 번에 계산하는 매우 컴팩트한(간소화 된) 방법이다. 두 안테나 사이의 고정된 거리(d)와 높이(h)에서 Friis 방정식(자유 공간 조건)에서 계산된 하나의 AF가 알려진 경우의 SAM은 두 번의 측정 조합으로 AF를 계산하지만 C-SAM은 단 한 번의 측정으로 AF를 산출할 수 있다.

오스트레일리아의 2번째 의견으로는 이 방법을 C-SAM이라고 부르는 이유가 명확하지 않기 때문에 콤팩트의 의미에 대해 답변을 요청하였다. 이에 대한 답변으로 연구원에서는 "Compact"라는 단어는 두 개의 안테나만 사용하여 단 한 번의 측정으로 더 빠른 간소화(Compact) 측정 방법을 의미한다고 답변하였다.

오스트레일리아의 3번째 의견으로는 표준(기준) 안테나 인자 산출을 위한 상세한 설명이 필요하다고 설명하였다. 이에 대한 국립전파연구원의 답변으로는 CISPR 16-1-6의 TAM, SAM 등 기존 *AF* 측정 방법과 동일하므로 본 문서에서는 AF 인자 산출에 대한 구체적인 설명은 필요하지 않은 점을 설명하였다.

오스트레일리아의 4번째 의견으로는 표준(기준) 안테나의 안테나 계수를 얻기 위해 추가 측정 또는 계산이 필요하므로 C-SAM에 대해 한 번의 측정만 필요로 하는 것은 사실이 아니라고 주장하였다. 이에 대한 답변으로 "C-SAM 교정 방법은 미리 교정된 안테나를 필요로 하는 것을 기반으로 하며, SAM이 기준 안테나의 *AF*를 계산하는 것과 동일한 표준(기준) 안테나의 안테나 인자를 측정하기 위해 추가(사전) 측정 또는 계산이 필요하다"는 사실이므로 부분적으로 동의했다. 하지만, SAM과 달리 C-SAM은 고정된 안테나 거리(d)와 높이(h)에서 Friis 방정식(자유공간조건 만족)으로 계산된 하나의 AF가 알려진 경우 한 번에 AUC의 AF를 계산하는 매우 컴팩트한(간소화된) 방법임을 주장하였다.

캐나다, 독일, 프랑스, 포르투갈 NC에서는 우리의 개정안과 관련한 프로젝트를 지원한다는 의사를 밝혔으며, 중국은 제출한 DC 문서에 의견 없음이라는 의사를 밝혔다. 영국 NC에서는 우리의 개정안을 지원하며, 다만 C-SAM이라는 약어는 SAM과 비슷하지만 다른 원리를 사용하기 때문에 오해를 일으킬 수 있으며, SAM은 값을 알고 있는 기준 안테나를 사용하여 알려지지 않은 AUT를 대체하는 방식이라고 주장하며, 향후 측정방법 명칭에 대한 명확성을 나타내기 위해 Compact 2-안테나 법(C-2AM) 또는 Compact 기준 송신 안테나 사용법(C-RTM)과 같은 2가지 용어 변경에 대해 의견을 제시하였다. 이와 관련하여 국립전파연구원은 아래와 같이 C-2AM 또는 C-RTM의 명칭에 대해 검토한 의견을 제출하였다.

"Compact"라는 단어는 한 번에 측정한다는 의미로 가장 간소화된 방법임을 강조했으며, C-2AM의 경우 일반적인 2AM 방식과 혼동될 수 있어 C-RTM이라 명명하겠다는 의견을 제출하였다. 왜냐하면, 연구원에서 제안한 안테나 교정법은 송신기에 기준 안테나를 사용함으로서 가장 간소화된 방법이라는 장점이 강조되기 때문에 기존에 제안한 C-SAM에서 C-RTM으로 명칭을 변경을 받아들였다.

일본 NC의 첫 번째 의견으로는 시험장 환경 평가를 위한 Tx 안테나 위치 사이의 간격을 일정하게 10 cm로 설정했는데, 파장이 반파장의 배수에 해당하는 경우 최대값(peak)을 찾을 수 없으며, 10 cm 간격의 경우 f = 1.5 ㎓, 3 ㎓, 4.5 ㎓, …, 18 ㎓가 이 조건을 만족하기 때문에, 특정 주파수에서 정재파의 영향을 피하기 위해 간격은 CISPR 16-1-4 사이트 검증 절차에 표시된 대로 하는 것보다는 1 ㎓에서 18 ㎓ 주파수 범위에서 이동 간격을 균일하지 않게 설정해야 한다고 의견을 제출하였다. 이에 대해 국립전파연구원에서는 시험장 환경 평가는 CISPR 16-1-6 '안테나 교정방법' 문서와는 직접적인 관련이 없으며 제출한 DC 문서 범위 외의 논의 대상으로 C-SAM (현재 C-RTM으로 이름이 변경됨) 방법 검증에 CISPR 16-1-4의 시험장 검증 절차를 따른 것이라고 답변을 제출하였다.

일본의 2번째 의견으로는 표준 안테나의 안테나 계수는 TAM 또는 SAM을 사용하여 도출해야 하므로 제출한 불확도 산출 테이블에 표시된 표준 안테나 불확도는 너무 작기 때문에 표준 안테나 불확도 값은 CISPR 16-1-6에 제시한 TAM 또는 SAM과 같아야 한다는 의견을 제출하였다. 이에 대한 답변으로 연구원에서는 SAM 및 TAM과 달리 C-SAM(현재 C-RTM으로 이름이 변경됨)은 하나의 AF가 알려진 경우 한 번에 AUC의 AF를 계산하는 매우 컴팩트한(빠른) 방법이며, (Friis 방정식(Free- 공간 조건) 고정된 안테나 거리 및 두 안테나 사이의 높이에서) 이 방법은 TAM보다 간단하고 AF가 항상 측정되는 것이 아니라 검증된 테스트 사이트에서 한 번만 측정되기 때문에 불확실성이 TAM 또는 SAM보다 항상 크지 않음을 주장하였다. 하지만, 다른 사용자들의 혼동을 막기 위해 일본에서 제시한 표준안테나의 불확도 값을 준용할 계획이다.

일본의 3번째 의견으로는 C-SAM 교정의 불확도에 대한 완전한 이해를 독자에게 제공하기 위해 옵션 #1 및 #2에 측정불확도 예산 테이블을 추가할 것을 요청하였다. 이와 관련하여 연구원에서는 수정된 표 1(CISPR 16-1-6의 표 14 참조)을 옵션 #2(두 번째 안)에 추가하였으며, 첫 번째 제안 옵션 #1은 모두 삭제하였다.

일본의 4번째 의견으로는 소절 9.5.2는 SAM에 대한 측정방법을 소개하는 소절로써 C-SAM(C-RTM으로 변경)에 대한 또 다른 하위 조항을 추가해야 한다는 의견을 제출하였다. 이에 대한 답변으로 연구원에서는 C-RTM에 대한 소절을 문서 9.5.3에 작성할 것으로 답변하였다.

제 5절 2022년도 미국 샌프란시스코 총회

연구원은 2022년 미국 샌프란시스코 회의에서 CISPR 6-1-6 '안테나 교정방법'에 연구원 개발 안테나 교정방법(C-RTM)을 등재하기 위해 2021년도에 제출한 DC문서에 대한 각국의 회람 결과 의견에 대한 답변 자료를 제시하고 아래와 같은 기고서를 발표하였다.

CISPR 작업 그룹은 수년 동안 C-RTM(Compact-Reference Transmitter Method)에 대해 작업해 왔다. C-RTM은 2011년 30 ㎒에서 1 ㎓ 주파수 범위에서의 EMI 안테나 교정을 위한 간소화된 방법으로 IEEE 안테나 심포지움에서 'Simple Reference Antenna Method'로 처음 발표되었다. 이후, 2016년 항저우에서 두 개의 동등 안테나를 사용한 1 ㎓ 이상 주파수 범위에서 적용하기 위한 안테나 교정 방법이 발표되었다. 2017년 블라디보스토크에서 열린 CISPR 총회에서 자유공간 조건을 만족하는 시험장에서의 C-RTM 검증 결과를 발표하였다. 2018년 부산 회의에서는 C-RTM 교정방법은 우수한 시험장을 가지고 있는 시험소에서는 모두 적용 가능함을 주장하기 위해 국내시험소 간의 RRT(Round Robin Test) 검증 결과와 및 불확도 산출 결과를 발표하였다. 그 후 C-RTM에 대한 불확도 산출 버짓 초안과 개정(안)이 CISPR 16-1-6에 반영될 수 있도록 2019년 상하이 회의에서 발표되었으며, 상하이 회의결과 C-RTM 교정 방법을 CISPR 16-1-6에 반영하기 위해 개정문건을 각국의 위원회(NC)에게 알리기 위해 DC 문서를 준비하고 회람하기로 결정되었다.

DC(CIS/A/1340/DC) 회람 후, 3-안테나 방법(TAM) 및 표준 안테나 방법(SAM) 항목 추가될 개정안과 함께 새롭게 반영될 C-RTM 항목 등재를 위해 각국 NC의 여러 의견이 논의되었다. 1 ㎓ 이상에서 적용하기 위한 C-RTM 교정방법은 2021년 11월 9일과 10일 ZOOM을 통해 ONLINE

으로 개최된 CISPR/A/WG1 회의록과 마찬가지로 각국의 의견이 포함된 INF(CISPR/A/1359/INF) 문서도 회람되어 Q 문서를 작성하는 것으로 결론지었다. 따라서, 2022년 미국 샌프란시스코 회의에서는 아래와 같이, 각국의 NC들에게 표준문서 개정 작업을 지지하는지에 대한 의사를 물었다.

1) C-RTM에 관한 CISPR 16-1-6의 개정을 지지하는가?
2) CISPR 16-1-6 개정안을 지지하는 경우 각국의 전문가를 지정해 줄 의향이 있는가?

회의 결과 제안된 신규 안테나 교정방법(C-RTM)에 대한 1st CD(안) 문서를 2023년 5월까지 작성하여 회람하기로 하였다. CD 내용으로는 CISPR 16-1-6 '안테나 교정 방법' 현행문서의 분석을 수행하여, 새롭게 포함될 개정안을 마련해야 한다. 또한 작성된 개정안을 각국의 P-member들에게 어떻게 찬성표를 얻을 수 있는지에 대한 전략이 필요할 것으로 판단된다. 따라서, 향후 발행될 1st CD 문서에 대한 각국의 의견 대응 방안을 마련하여 CISPR 16-1-6 '안테나 교정방법' 개정판에 국립전파연구원 제안 내용이 반영될 수 있도록 철저하게 준비할 계획이다.

제4장
맺음말

National
Radio
Research
Agency

제4장 맺음말

본 보고서에서는 국립전파연구원에서 개발한 안테나 교정법(C-RTM)을 국제표준문서 CISPR 16-1-6 '안테나 교정방법' 국제표준 문서에 반영하기 위해 검증연구 및 관련 결과의 표준화 대응 활동 내용을 소개하였다. 2016년 중국 항저우 CISPR 총회에서는 2개의 동등(homogeneous)한 안테나를 사용한 1 ㎓ 이상 주파수 범위에서 사용할 수 있는 간소화 된 C-RTM 방법을 제시하였다. 2017년 블라디보스토크 총회에서는 자유공간을 만족하는 시험장에서 C-RTM을 사용한 표준 혼 안테나 교정 검증결과를 발표하였으며, 2018년 부산 총회에서는 시험장 환경이 우수한 기관과의 상호비교시험(Round Robin Test) 검증 결과와 C-RTM 교정방법을 사용했을 때 발생할 수 있는 불확도 인자 산출 결과를 발표하였다. 2019년도 상하이 총회에서는 CISPR 16-1-6 '안테나 교정방법' 개정(안)이 발표되었으며, 회의결과 향후 개정안 반영을 위한 DC문서 제출 및 각국 회람을 통한 의견수렴을 받았다. 이후 각국의 의견에 대한 구체적인 답변을 작성하여 제출하였고, 관련 결과를 2022년 샌프란시스코 총회에서 논의하였다. 회의결과 연구원에서 개발한 C-RTM 교정방법이 차기 출판본에 반영될 수 있도록 2023년 5월까지 개정(안)을 제시할 것을 권고받았다. 따라서, 향후 발행될 1st CD 문서에 대한 각국의 의견에 대응하여 해당 안건이 표준문서에 반영될 수 있도록 준비할 계획이다.

참 고 문 헌

[1] CISPR 16-1-6:2014, Specification for radio disturbance and immunity measuring apparatus and methods 162 - Part 1-6: Radio disturbance and immunity measuring apparatus-EMC-antenna calibration, IEC, 2014.

[2] J Park, G Mun, D Yu, B Lee, W Kim "Proposal of Simple Reference Antenna Method for EMI Antenna Calibration," *IEEE EMC Symp.,* Aug. 2012, pp. 90-95

[3] J.K Park, G.S Mun, B.H, Kim 'Simple Reference Antenna Method for Antenna Calibration', CISPR/A/WG1,2011

[4] J. Park, W. N. Kim, B. G. Kang, and H. Yeon, "A novel reference antenna method for EMI antenna calibration," in Proceedings of 2014 31st URSI General Assembly and Scientific Symposium (URSI GASS), Beijing, China, 2014, pp. 1-4.

[5] J.H Lim, B.W Lee, 'A Study of Standard Antenna Using Two Identical Horn antenna in the frequency range of 1 GHz - 18 GHz', CISPR/A/WG1,2016

[6] J.H Lim, M.J Jeong, B. N Kang, B.W Lee, N Kim, 'Proposal of Compact-Standard Antenna Method (C-SAM)', CISPR/A/WG1,2017

[7] J.H Lim, M.J Jeong, J.W Park, S.W Park, B.W Lee, T.K Oh, and N Kim, 'Verification of Compact-Standard Antenna Method (C-SAM)', CISPR/A/WG1, 2018

[8] J.H Lim, M.J Jeong, H. Niammat, J.H Kim, S.W Park, B.Y RLee, and N Kim, 'Uncertainty Budget for Compact-Standard Antenna Method (C-SAM)', CISPR/A/WG1, 2019.

[9] Alexander M.J, Salter M.J, "Low measurement uncertainties in the frequency range 30 MHz to 1 GHz using a calculable dipole antenna and national reference ground plane," *IEE Proc.-Sci Meas. Sci Tech.,* Jul. 1996, 143, no. 4, pp. 221-228

[10] Salter M.J, Alexander M.J, "EMC antenna calibration and the design

of an open field site," *J. Phys. E. Meas. Sci Tech,* 1991, 2, pp. 510-519

[11] Smith, A.A., "Standard site method for determining antenna factors," *IEEE Trans. on* 1982, EMC-24, pp. 311-322

[12] Martin Alexander, Martin Salter, Benjamin Loader, and David Knight, "Broadband calculable dipole Reference antennas," *IEEE Trans. on* EMC, vol. 44, no. 1, Feb. 2002, pp. 45-58

[13] Jungkuy Park, Dongchan Jeong, Hun Youn, Myoungwon Seo, Daehoon Yu, Jaeman Ryoo. "3-Antenna Height Scanning Average method of EMI Antenna Calibration," *2009 IEEE EMC Symp.,* Aug. 2009.

[14] Alexander M.J, Loader B.G, Salter M.J, "Reduced measurement uncertainty in the frequency range 500 ㎒ to 1 ㎓ using a calculable standard dipole," NPL management Ltd-Internal

[15] CISPR/A/990/CD "CISPR 16-1-6: Specification for radio disturbance and immunity measuring apparatus and methods - Part 1-6: Radio disturbance and immunity measuring apparatus- EMC-antenna calibration," 2012.

[16] David Cheadle "Introduction to Calculable Antenna Processor (CAP2010)," Jun, 2012.

[17] "ISO/IEC 기술작업지침서 제1부 통합 ISO 증보판 - 기술작업을 위한 절차", 국가기술표준원 KSA한국표준협회, 2016. 4. 30.

[18] Stanley L. Baker, "Calculable Antenna Processor User Manual," *NPL,* Mar. 2011 pp, 1-18.

[19] H. T. Friis, "A note a simple transmission formula," *Proc IRE.,* May 1946, pp. 254~256

[20] D. G. Camel, E. B. Larsen and W. J. Anson, "NBS calibration procedure for horizontal dipole antenna(25 to 1000 ㎒)," National Bureau of Standards Electromagnetic Fields Division

[21] Brian Kidney, "Horn Antennas," Engineering 9816-Antennas, Nov. 26, 2001.

[22] IEC CISPR/A/644/CD Project number CISPR 16-1-5 Amd.1 Ed1.,

"Antenna Calibration"

[23] 박정규, 정동찬, 차기남, 고홍남, "30 MHz에서 1 GHz 대역 EMI용 안테나의 준자유공간 안테나팩터 산출에 관한 연구," 2004년도 한국전자파학회 종합학술발표회, vol. 14, no.1, 2004. 11. 5.

[24] Constantine A. Balanis, "Antenna Theory : Analysis and Design," John Wieley & Sons, 1982

[25] Microwave Antenna Theory and Design by Silver, vol. 12, Radiation Laboratory Seriess, McGraw-Hill, 1949, pp. 582−585

[26] Antenna by Kraus, McGraw-Hill, 1950, pp. 455−457

[27] Standard Site Method For Determining Antenna Factors, *IEEE EMC Trans. on* vol. EMC-24, No. 3, Aug. 1983, pp. 316−322

[28] ANSI C63.5 American National Standard for Electromagnetic Compatibility -- Radiated Emission Measurements in Electromagnetic Interference(EMI) Control -- Calibration of Antennas

[29] IEEE Std 149 IEEE Standard Test Procedures For Antennas

[30] NBS Circular 517, Calibration of Commercial Radio Field-Strength Meters

[31] Albert A Smith, "Standard Site Method for Determining Antenna Factors," *IEEE Trans. on* Electromagnetic Compatibility, vol. EMC-24, no. 3, pp. 316−322 Aug. 1982.

[32] D. G. Gamel et. al, "NBS Calibration Procedures for Horizontal Dipole Antenna(25 to 1000MHz)," National Bureau of Standards Technical Note 1309, Apr. 1997.

[33] Martin Alexander, Martin Salter, Benjamin Loader, and David knight., "Broadband Calculable Dipole Reference Antennas," *IEEE Trans. on* Electromagnetic Compatibility, vol. 44, no. 1, pp. 45−58, 2002.

[34] Albert A Smith, Robert F. German, and James B Pate, "Calculation of Site Attenuation from Antenna Factors," *IEEE Trans. on* Electromagnetic Compatibility, vol. EMC-24, no. 3, pp. 315, Aug. 1982.

[35] ANSI C63.5 , "American National Standard for Electromagnetic Compatibility-Radiated Emission Measurement in Electromagnetic interference(EMI) Control-Calibration of Antennas (9 kHz to 40 GHz)",

pp. 10, Apr. 2006.

[36] NPL, A National Measurement Good Practice Guide no. 73 "Calibration and use of antennas, focusing on EMC application,"

[37] CISPR/A/990/CD "CISPR 16-1-6: Specification for radio disturbance and immunity measuring apparatus and methods- Part 1-6: Radio disturbance and immunity measuring apparatus-EMC antenna calibration"

[38] 박정규 외, "교정용 혼 안테나 제작 및 교정방법 연구," 2010년도 전파연구보고서

[39] 박정규 외, "시간영역에서 안테나 교정방법 연구," 2011년도 전파연구보고서

[40] 박정규 김우년, "시간영역에서 안테나 이득 측정 연구," 한국전자파학회 논문지 2012, Nov 23(11) pp. 1217~1227

[41] 박정규 외, "자체개발 안테나 교정방법 유효성 확인 연구," 2012년도 전파연구보고서

[42] Sakasai M., et.al.., "Evaluation of Uncertainty in Free-space Antenna Factor Calibration in CRL," *Proc. of EMC symp.,* in Sendai, pp. 657-660, Jun. 2004.

연구책임자 : 박정규(전파시험인증센터 적합성인증과)
임종혁(전파시험인증센터 적합성인증과)
이태형(전파시험인증센터 적합성인증과)
최 솔(전파시험인증센터 적합성인증과)
박하연(전파시험인증센터 적합성인증과)

연구원개발 안테나 측정방법 국제표준화 추진 연구

초판 인쇄 2024년 12월 01일
초판 발행 2024년 12월 05일

저 자 국립전파연구원
발행인 김갑용

발행처 진한엠앤비
주소 서울시 서대문구 독립문로 14길 66 205호(냉천동 260)
전화 02) 364 - 8491(대) / 팩스 02) 319 - 3537
홈페이지주소 http://www.jinhanbook.co.kr
등록번호 제25100-2016-000019호 (등록일자 : 1993년 05월 25일)
©2024 jinhan M&B INC, Printed in Korea

ISBN 979-11-290-5701-3 (93560)   [정가 10,000원]

☞ 이 책에 담긴 내용의 무단 전재 및 복제 행위를 금합니다.
☞ 잘못 만들어진 책자는 구입처에서 교환해 드립니다.
☞ 본 도서는 [공공데이터 제공 및 이용 활성화에 관한 법률]을 근거로 출판되었습니다.